QINGJING TANSUOXING SHUXUE SHIYAN

情境探索性数学实验
（MATLAB）

主 编 李应岐 方晓峰
副主编 王 静 张 辉 郑丽娜

内 容 提 要

本书以 MATLAB 为平台,通过创设工程、生活、人文、军事、社会等情境,引导和启发读者利用 MATLAB 软件探索解决数学问题。内容包括 20 个情境探索性实验,涉及数值计算、优化方法、数据处理、有效算法及 MATLAB 基础。本书所需数学知识要求不高,但情境问题创意高,探索味浓,应用性强,适合学过微积分的读者培养进一步利用数学工具和计算机技术分析和解决实际问题的能力。

本书可作为高等院校理工类专业数学实验、数学类课程的配套教材或参考书,也可供相关专业兴趣爱好者学习参考。

图书在版编目(CIP)数据

情境探索性数学实验:MATLAB/李应岐等主编. —西安:西安交通大学出版社,2021.12(2024.1 重印)
ISBN 978-7-5693-2003-9

Ⅰ.①情… Ⅱ.①李… Ⅲ.①Matlab 软件-应用-高等数学-实验 Ⅳ.①O13-33

中国版本图书馆 CIP 数据核字(2021)第 057029 号

书　　名	情境探索性数学实验:MATLAB
主　　编	李应岐　方晓峰
责任编辑	刘雅洁
责任校对	李　文
出版发行	西安交通大学出版社 (西安市兴庆南路 1 号　邮政编码 710048)
网　　址	http://www.xjtupress.com
电　　话	(029)82668357　82667874(市场营销中心) (029)82668315(总编办)
传　　真	(029)82668280
印　　刷	西安五星印刷有限公司
开　　本	787mm×1092mm　1/16　印张 12.125　彩插 4 面
字　　数	305 千字
版次印次	2021 年 12 月第 1 版　2024 年 1 月第 3 次印刷
书　　号	ISBN 978-7-5693-2003-9
定　　价	36.00 元

如发现印装质量问题,请与本社市场营销中心联系调换。
订购热线:(029)82665248　(029)82667874
投稿热线:(029)82664954　QQ:85780210
读者信箱:85780210@qq.com

版权所有　侵权必究

Foreword 前言

信息技术和人工智能技术的飞速发展使得数学的核心作用越来越突出,数学不仅为其他学科和技术提供理论和方法支撑,更是直接成为高端技术的主要突破方向,数学人才成为高新技术的急缺人才。高等数学是工科院校的必修课程,不仅为学生后继课程学习提供必需的数学知识,同时对培养学生的数学思维、数学学习能力和数学精神有着不可替代的关键作用。从人才成长的角度来看,培养学生的数学思维、数学情感和实践动手能力,在学习中引导学生探究和体验数学更为重要。但目前大多数高校仍固守传统经典,采用单一的"讲授-接受"授课模式,使学生被动接受、机械记忆,通过低认知水平的模仿练习和频繁考试以提高学生应考能力,造成了大多数学生因感到数学的困难和无用而苦恼,数学学习的动机和兴趣不高。如何从学生自主学习的角度来创设数学情境,激发学生的自主学习激情和持久动力,培养学生的数学应用能力和创新思维是大学数学教学改革的重要方向。

所谓数学情境就是指数学概念、规律容易产生的现实背景和一种能促使学生主动地、自由地想象、思考、探索、解决或发现规律的环境。"情境探索性数学实验"以"激发兴趣、建立信心、培育思维、探究应用"为目的,突出"趣味性、实用性、研究性"的原则,通过设计临近学生生活和环境的有趣探究性问题,按照"如何表述、如何思考、如何改进"的思路引导探索和经验泛化,使学生能够应用所学知识对问题进行表述和研究,培养他们的数学意识、科学计算思维能力和应用数学知识解决工程问题的"动手"能力。在情境创设中,简化军事训练、工程、生活等中问题的复杂度,提供实验软件和专用函数,降低数学学习门坎,使学生能够只进行简单少量的编程就可以研究具有一定背景的实践性课题,由浅入深、循序渐进地培养学生从数学的角度理解、解决军事、工程和科技问题的意识和能力。

本书共20个实验,每个实验包括实验目的、实验背景、实验内容、实验指导、实验练习和实验拓展。选取了既有趣味性、实用性和开放性,又要在学生的知识临近适应区的实验课题,如迫击炮射击移动装甲的射角控制和射击训练禁区的划定,篮球运动中最佳射手的起跳角度和篮球出手速度的训练,用函数合成不同乐器的音色,二战中荷兰画家米格伦的叛国罪审判中名画的真伪鉴定问题引出的微分方程应用等。以课题引入了问题的数学表述、模型的参数分析及数值仿真和计算收敛速度及稳定性。这些课题对于知识相对局限、经历相对单一的学生而言具有一定的探索性研究价值,是培养学生适应未来社会需要的必经之路。

　　本书起点低,创意高,探索味浓,应用性强。各实验的基础知识都是高等数学的基本概念和基础计算,每个实验都从历史事件或工程应用中的具体问题介绍了相关知识产生的背景,并在实验指导中给出实验所用的基本程序和MATLAB函数,读者几乎不用复杂的编程就可完成实验探索。各实验的拓展内容提出了需要读者思考、探究和创新的问题,读者亦可以从中提炼新的研究方向,进行自主探究、学习并建构新的数学知识,形成和积累探索创新的意识和经验。

　　在本书的编写过程中,编者参阅了大量微积分、数学实验和MATLAB的书籍及材料,并从网络上收集了部分资料,在此一并向有关作者表示衷心的感谢。本书的编写得到陕西省教改重点攻关项目"新军事背景下'以学为中心'的大学数学课程教学改革与实践"(19BG038),"大学数学情境式教学研究"(15BZ74)的大力资助和西安交通大学出版社的协助,在此深表感谢。尤其要感谢刘雅洁编辑从本书选题、校稿到出版过程中所付出的辛勤劳动。最后,本书只是编者在大学数学教学实践工作中的探索,是开展大学数学探究性实验和情境探究式教学的初步尝试,书中不妥之处在所难免,期盼读者和各位同行不吝指正,有兴趣的读者朋友可发邮件至:64968062@qq.com。

　　特别说明:本书的程序代码均在MATLAB 2017a下运行通过,编译环境为Win 10操作系统,内存为Intel(R) Core(TM) i7-10710U CPU @ 1.10 GHz 1.61 GHz。所有代码均可从百度网盘免费下载:

　　链接:https://pan.baidu.com/s/1i4QoP502Hs00qloC__ZtHg?pwd=5855

　　提取码:5855

　　也可扫以下二维码自行下载:

编　者
2021年4月

Contents 目录

实验 1　函数曲线及性质研究 ·· 1
实验 2　曲线的参数方程与圆摆线研究 ·· 9
实验 3　曲面的参数方程及绘制 ·· 13
实验 4　极坐标系下圆锥曲线的绘制及其性质研究 ·· 22
实验 5　数列与级数 ·· 29
实验 6　非线性方程的数值法求根 ·· 36
实验 7　泰勒级数与多项式逼近 ·· 43
实验 8　傅里叶级数与函数逼近 ·· 49
实验 9　平面封闭图形的周长与面积的测量 ·· 59
实验 10　火炮炮弹的弹道设计问题 ·· 69
实验 11　炮兵射击演习安全区的确定 ·· 75
实验 12　篮球的出手速度和角度 ·· 81
实验 13　用最速下降法求多元函数极小值 ·· 87
实验 14　多项式拟合的最小二乘法 ·· 93
实验 15　过山车的轨道设计 ·· 103
实验 16　音乐的合成与演奏 ·· 107
实验 17　微分方程与人体内的药物含量 ·· 117
实验 18　放射性元素衰减与绘画作品赝品鉴别 ·· 121
实验 19　迭代与分形 ·· 126
实验 20　洛伦茨方程与混沌 ·· 136
附录 1　MATLAB 程序设计基础 ·· 143
附录 2　MATLAB 绘图 ·· 162
参考文献 ·· 187

实验 1　函数曲线及性质研究

实验目的

1.通过对一元函数图形的绘制和观察,加强对函数性质如单调性、奇偶性等的认识和理解,体会数形结合思想;

2.加强对基本初等函数、反函数性质的认识;

3.通过观察函数的关键点邻近曲线的几何形状,了解函数在关键点的性质;

4.掌握隐函数和分段函数的图形绘制方法;

5.对于初等函数能够研究参数对函数形状和性质的影响。

实验背景

函数图形是函数性质的直观体现,也是研究函数几何特征和代数特征的关键。平面图形的绘制涉及的众多复杂图形,常常是由多条曲线组合而成的。

二次曲线是曲线组合的基础。二次曲线的几何形状特性由方程变量的系数确定,例如椭圆、双曲线等的位置和形状就是由方程中变量系数决定。方程 $Ax^2+By^2=1$,当 $A>0,B>0$ 时,表示中心在原点、长短轴在坐标轴上的椭圆,$\sqrt{\dfrac{B}{A}}$ 表示椭圆的圆度比;当 $AB<0$ 时,表示双曲线,$A>0,B<0$ 时实轴在 x 轴,虚轴在 y 轴,$A<0,B>0$ 时虚轴在 x 轴,实轴在 y 轴,$\sqrt{\left|\dfrac{B}{A}\right|}$ 表示双曲线的弯曲比。方程 $A(x-a)^2+B(y-b)^2=1$,表示中心在 (a,b) 的椭圆或双曲线。

幂函数 $y=x^\mu$ 的形状和性质与指数 μ 的值密切相关,$\mu=\pm\dfrac{1}{n}$,当 n 为偶数或奇数时函数的定义域不同。因此工程技术人员应该对函数的关键参数具有一定的敏感性和想象力,即看到数据时,脑海中就会浮现出由某些曲线或曲面组成的图形。

实验内容

1.熟悉 MATLAB 中 plot、ezplot 命令的调用规则和方法,会使用不同的线型、颜色在同一窗口绘制多种曲线;

2.改变 A,B 的数值绘制方程 $Ax^2+By^2=1$ 的不同图形,研究参数 A,B 与函数曲线几何特征的关系;

3.绘制幂函数 $y=x^\mu$ 的图形,研究 μ 的取值与函数性质的关系;

4.绘制双曲正弦和双曲余弦函数的图形,并指出双曲正弦和双曲余弦曲线的渐近线;

5.隐函数作图和分段函数作图。

实验指导

1. 直角坐标系中一元函数作图的命令

对于函数 $y=f(x)$,基本的绘图命令为

plot(x,y,type)

注意:plot 命令也可以在同一坐标系中作出几个函数的图形,基本格式为

plot(x1,y1,type1,x2,y2,type2,…)

在此格式中,每对 xi,yi 必须符合 plot(x,y,type) 中的要求,不同对之间没有影响,命令将对每一对 xi,yi 绘制相应的曲线线型 typei。另外,同一坐标系中作多个函数的图形,还可以用 hold on/off 命令,详情请参看附录 2。

对于函数 $y=f(x)$,也可用对符号函数作图的 ezplot 命令绘制其图形,使用格式为

ezplot('f(x)',[a,b])

其中,[a,b] 是绘图区间,缺省时默认为 $[-2\pi,2\pi]$。

利用 ezplot 还可以通过曲线的参数方程绘制函数图形,使用格式为

ezplot(x,y,[a,b])

其中,$x=\varphi(t)$,$y=\psi(t)$ 是曲线的参数方程,[a,b] 是参数 t 的取值范围。

对于由方程 $f(x,y)=0$ 确定的隐函数,也可用 ezplot 命令,其使用格式为

ezplot(f(x,y),[xmin,xmax,ymin,ymax])

其中,[xmin,xmax,ymin,ymax] 表示变量 x 与 y 的范围,缺省时默认 x 与 y 的取值范围均为 $[-2\pi,2\pi]$。

例如绘制方程 $(x^2+y^2)^2=x^2-y^2$ 所确定的隐函数的图形可输入:

ezplot('(x^2+y^2)^2-x^2+y^2',[-1.2,1.2,-0.6,0.6])

输出图形为双纽线,如图 1.1 所示。

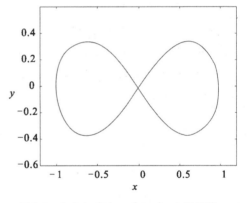

图 1.1 $(x^2+y^2)^2-x^2+y^2=0$ 双纽线

2. 分段函数绘图

分段函数的定义用到条件语句,所以可用 if 语句块控制不同定义域上的函数作图。这里给出简单的语句块:

if<条件表达式 1>

　　语句体 1

else if<条件表达式 2>

　　语句体 2

else

　　　　语句体 3
end

另外,分段函数作图也可以直接通过在同一窗口画多条曲线的方式实现。

例 1.1 画出 $f(x)=\begin{cases} x^2, & 0\leqslant x\leqslant 1 \\ 2-x, & 1<x\leqslant 2 \end{cases}$ 的图形。

解 用 x1,x2 分别表示分段函数自变量的不同区间中的点组成的数组(向量),y1,y2 表示不同区间上的对应函数值数组(向量)。用"plot(x1,y1);hold on;plot(x2,y2)"绘制,也可以用"plot(x1,y1,x2,y2)"绘制,绘出图形见图 1.2(a)。发现两段曲线颜色不同,若要相同的线型和颜色,需要在 plot 语句中指定相同的颜色和线型,可以用"plot(x1,y1,'-b');hold on;plot(x2,y2,'-b')"绘制,也可以用"plot(x1,y1,'-b',x2,y2,'-b')",绘出图形见图 1.2(b)。

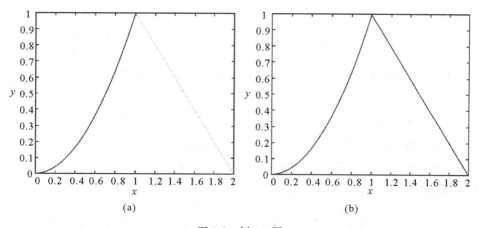

图 1.2　例 1.1 图

请读者尝试用两种方式编程实现。

3.函数图形的可视化范围选择

虽然每一个函数 $y=f(x)$ 都有其定义域,但由于可视范围的限制,只能将自变量限定在一个范围内,即只画函数在一个有限区间的图形,同样函数值也只能在一个有限的范围内,画图时必须对超出可视范围的函数图形进行裁剪处理,详情参看附录 2。

为了研究函数的奇偶性和对称性,一般会把两个坐标轴取在一个对称区间上。如画正弦函数 $y=\sin(x)$,会限定 $-\pi\leqslant x\leqslant\pi$,程序如下:

```
x=-pi:0.1:pi;              %清除变量,设置自变量向量(范围)
figure                     %创建图形窗口
plot(x,sin(x))             %画正弦函数曲线
xlabel('\itx','FontSize',16);   %加横坐标
ylabel('\ity','FontSize',16);   %加纵坐标
```

程序运行结果,如图 1.3 所示。

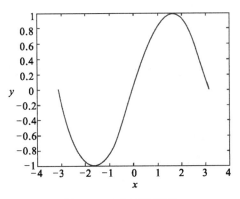

图 1.3 正弦函数图形

4. 二次曲线的作图

对于方程 $Ax^2+By^2=1$，当 $AB=0$ 时曲线退化为点或虚点，因此，只研究 $AB\neq 0$ 的情形。将方程 $Ax^2+By^2=1$ 显化为 $y_1=\sqrt{\dfrac{1-Ax^2}{B}}$ 和 $y_2=-\sqrt{\dfrac{1-Ax^2}{B}}$ 两个函数。为研究 $\sqrt{\dfrac{|B|}{|A|}}$ 对函数图形的影响，令 $A=1$，分别对 $B>0$ 和 $B<0$ 的情况进行讨论。

当 $B>0$ 时，$y=\pm\sqrt{\dfrac{1-x^2}{B}}$，定义域为 $-1\leqslant x\leqslant 1$，为了图形显示完整，画图时自变量的最大值 $x_m=2$，即画图范围：$-2\leqslant x\leqslant 2$，故不画自变量范围在 $[-2,-1]\cup(1,2]$ 内的 y 的图形，在此用平方根函数 sqrt(x) 计算 y=sqrt((1-x.^2)/B)，令 y(imag(y)~=0)=nan，删除复数值，用矩阵画线法可画出不同 B 值时 y 的图形。

当 $B<0$ 时，$y=\pm\sqrt{\dfrac{1-x^2}{B}}$，定义域为 $(-\infty,-1]\cup[1,+\infty)$，为了图形显示完整，画图时自变量的最大值 $x_m=5$，即画图范围：$-5\leqslant x\leqslant 5$，故不画自变量范围在 $(-1,1)$ 内的 y 的图形，在此用平方根函数 sqrt(x) 计算 y=sqrt((1-x.^2)/B)，令 y(imag(y)~=0)=nan，删除复数值，用矩阵画线法可画出不同 B 值时 y 的图形。

具体程序如下（$B=\pm 1,\pm 2,\pm 3,\pm 4,\pm\dfrac{1}{2},\pm\dfrac{1}{3},\pm\dfrac{1}{4}$，运行结果见图 1.4）：

```
% 曲线 Ax^2+By^2=1 的弯曲程度
% 椭圆
clear, x1=-2:0.01:2;                    % 设置自变量变化范围
b=[1,2,3,4,1/2,1/3,1/4];                % A=1,设置不同的 B 值
[B,X]=meshgrid(b,x1);                   % 创建计算矩阵
Y1=sqrt((1-X.^2)./B);                   % 计算上半椭圆
Y1(imag(Y1)~=0)=nan;                    % 删除超出定义范围
Y2=-Y1;                                 % 计算下半椭圆
figure                                  % 创建图形窗口
plot(x1,Y1,x1,Y2,'LineWidth',2);        % 画椭圆族
```

```
xlabel('\itx','FontSize',16),ylabel('\ity','FontSize',16);    %加坐标轴
title('椭圆族','FontSize',16);                  %命名图形窗口
legend([repmat('\itB\rm=',length(b),1),num2str(b')],('Location','SouthEast');
                                               %创建复杂图例
grid on                                        %设置网格
axis('equal');                                 %坐标轴间隔单位相同
%双曲线
clear, x2=-5:0.01:5;                           %设置自变量变化范围
b=[-1,-2,-3,-4,-1/2,-1/3,-1/4];                %A=1,设置不同的B值
[B,X]=meshgrid(b,x2);                          %创建计算矩阵
Y1=sqrt((1-X.^2)./B);                          %计算上半双曲线
Y1(imag(Y1)~=0)=nan;                           %删除超出定义范围
Y2=-Y1;                                        %计算上半双曲线
figure                                         %创建图形窗口
plot(x2,Y1,x2,Y2,'LineWidth',2)                %画双曲线族
xlabel('\itx','FontSize',16),ylabel('\ity','FontSize',16);    %加坐标轴
title('双曲线族','FontSize',16);                %命名图形窗口
legend([repmat('\itB\rm=',length(b),1),num2str(b')],'Location','SouthEast')
                                               %创建复杂图例
grid on                                        %设置网格
axis('equal');                                 %坐标轴间隔单位相同
```

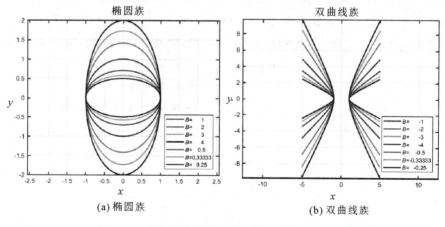

(a) 椭圆族   (b) 双曲线族

图1.4 二次曲线图形(见彩插)

由图1.4可以看出,当$A>0,B>0$时,$Ax^2+By^2=1$表示中心在原点,长短轴在坐标轴上的椭圆,$\sqrt{\dfrac{B}{A}}$接近1时,椭圆接近圆;当$\sqrt{\dfrac{B}{A}}$远大于1或远小于1椭圆将变得很扁平,因此$\sqrt{\dfrac{B}{A}}$表示椭圆的圆度比。当$AB<0$时,$Ax^2+By^2=1$表示双曲线,$A>0,B<0$则实

轴在 x 轴,虚轴在 y 轴,当 $\sqrt{\frac{|B|}{|A|}}$ 大于 1 时,随着数值的增大,双曲线的弯曲程度越大,开口越接近于 x 轴;当 $\sqrt{\frac{|B|}{|A|}}$ 小于 1 时,随着数值的减小,双曲线的弯曲程度越来越小,开口越远离 x 轴。

5. 幂函数 $y = x^\mu$ 作图

对于幂函数 $y = x^\mu$,当 μ 为整数时,不论自变量 x 是正数还是负数,函数都有意义。取 $\mu = \pm 1, \pm 2, \pm 3, \pm 4$,作图。需要注意的是,当 $\mu < 0$ 时,函数 $y = x^\mu$ 在原点附近的函数值会趋于无穷大,则对函数值超过一定范围的点删除不画。假设能显示的函数值的最大值为 y_m,当 $|y| > y_m$ 时,把函数值设置为非数值,即 Y((abs(Y))>ym)=nan。用矩阵画线法可画出不同 μ 值的函数图形。

具体程序如下($\mu = \pm 1, \pm 2, \pm 3, \pm 4$),运行结果见图 1.5(见彩插):

```
clear,xm=3;ym=6;                    % 清除变量,设置自变量和函数的最大值
x1=-xm:0.05:xm;                     % 创建自变量向量
miu=[-4,-3,-2,-1,1,2,3,4];          % 幂函数的指数向量
[M,X]=meshgrid(miu,x1);             % 幂函数计算参量矩阵
Y1=X.^M;                            % 计算幂函数的向量
Y1(abs(Y1)>ym)=nan;                 % 对于大于函数最大值的值赋予非数值
figure                              % 创建图形窗口
plot(x1,Y1,'LineWidth',2);          % 用矩阵画线,画幂函数族曲线
xlabel('\itx','FontSize',16),ylabel('\ity','FontSize',16);    % 加坐标轴
title('整数幂 y=x^u 函数族曲线','FontSize',16);      % 命名图形窗口
legend([repmat('\itu\rm=',length(miu),1),num2str(miu')],'Location','SouthEast');
                                    % 设置图例
grid on                             % 添加网格
axis('equal');                      % 坐标轴间隔单位相同
```

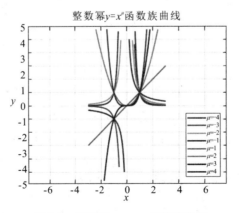

图 1.5　整数幂 $y = x^\mu$ 函数族曲线

通过图形可以看出,当 μ 为偶数时,函数是偶函数,曲线关于 y 轴对称,$\mu>0$ 时,图形开口向上,曲线均通过原点$(0,0)$和$(1,1)$;当 μ 为奇数时,函数是奇函数,曲线关于原点对称,且均通过原点$(0,0)$,点$(1,1)$和$(-1,-1)$;$\mu<0$ 时,曲线与 $x^{|\mu|}$ 的曲线关于 $y=x$ 对称。

6. 双曲正弦函数和双曲余弦函数的图形

双曲函数由指数函数构成,双曲正弦函数 $y=\sinh x=\dfrac{e^x-e^{-x}}{2}$ 和双曲余弦函数 $y=\cosh x=\dfrac{e^x+e^{-x}}{2}$,绘图程序如下(运行结果见图1.6):

```
％双曲函数
clear,xm=3;x=-xm:0.05:xm;    ％清除变量,设置自变量最大值,创建自变量向量
y1=exp(x);                   ％计算e^x;
y2=exp(-x);                  ％计算e^-x;
figure                       ％创建图形窗口
plot(x,sinh(x),x,cosh(x),'--',x,y1,':',x,y2,'-.','LineWidth',2);
                             ％画双曲函数和指数函数
xlabel('\itx','FontSize',16),ylabel('\ity','FontSize',16);  ％添加坐标
title('双曲正弦和双曲余弦曲线','FontSize',16);              ％命名图形窗口
grid on                                                     ％加网格
legend('sinh','cosh','e^x','e^-x','Location','SouthEast'); ％设置图例
```

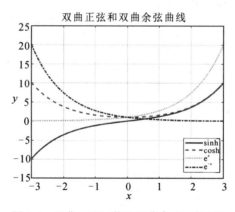

图1.6 双曲正弦函数和双曲余弦函数图形

从图1.6中可以看出,指数函数 $y=e^x$ 是单调增加的函数,曲线是凹曲线;$y=e^{-x}$ 是单调减少的函数,曲线是凹曲线;双曲正弦函数 $y=\sinh x$ 是单调增加的奇函数,定义域和值域都为$(-\infty,+\infty)$,在$(-\infty,0)$上是凸曲线,在$(0,+\infty)$上是凹曲线;双曲余弦函数 $y=\cosh x$ 是先减少后增加的偶函数,定义域为$(-\infty,+\infty)$,值域为$[1,+\infty)$,在$(-\infty,+\infty)$上为凹曲线。

实验练习

1. 分别在三个窗口中作出函数 $y=e^x$、$y=x$ 与 $y=\ln x$,$y=\sin x$、$y=x$ 与 $y=\csc x$,$y=\cos x$、$y=x$ 与 $y=\sec x$ 的图形,观察其单调性和变化趋势。

2. 分别作出函数 $y=[x]$ 和 $y=x-[x]$ 的图形。(注：MATLAB 中 $[x]$ 用 floor(x) 表示。)

3. 用 if 语句作出分段函数 $f(x)=\begin{cases} \cos x, & x\leqslant 0 \\ e^x, & x>0 \end{cases}$ 的图形。

4. 在同一窗口画出分数幂函数 $y=x^\mu\left(\mu=\pm\dfrac{1}{2},\pm\dfrac{1}{3},\pm\dfrac{1}{4}\right)$ 的图形，并说明其形状、奇偶性、单调性与 μ 的关系。

5. 在同一窗口画出下列函数 $y=x$，x^2，x^3，x^4 及 $y=x^{1/2}$，$x^{1/3}$，$x^{1/4}$ 在 $0\leqslant x<+\infty$ 上的图形，并指出这些函数的形状与相互关系。

6. 在同一窗口画出指数函数 $y=a^x$ 在不同 a 值时的图形，并指出函数的图形、性质和 a 的关系。

7. 在同一窗口画出对数函数 $y=\log_a x$ 在不同 a 值时的图形，并指出函数的图形、性质和 a 的关系。

8. 在同一窗口画出函数 $x^2+y^2+ax=a\sqrt{x^2+y^2}$ 在不同 a 值时的图形，试说明 a 对函数图形形状的影响。

实验拓展

1. MATLAB 作图，除了上述命令之外，还有函数绘图命令"fplot('function', limits)"以及符号函数的绘图命令"ezplot('function',[xmin,xmax])"，请查阅相关文献，使用这些函数绘图，体会这几种作图命令的特点和功能。

2. 观察函数 $y=\pm x^n(n=1,2,3,\cdots)$ 的图形，并说明这些函数在 $x=0$ 处的取值、凹向和弯曲程度与 n 的关系。

3. 画出反双曲正弦、反双曲余弦、反双曲正切和反双曲余切函数的图形，并观察图形研究这些函数的特性。

4. 在一个图形窗口画出不同坐标比例的曲线，如一个坐标轴为对数坐标、一个坐标轴为一般坐标的函数曲线。

实验 2　曲线的参数方程与圆摆线研究

实验目的

1. 理解平面解析几何中曲线的参数方程的基本概念和参数的意义,会从实际应用中抽象出数学问题,建立平面曲线的参数方程;
2. 掌握参数方程的绘图方法和基本绘图命令;
3. 会建立圆摆线的参数方程;
4. 会通过作图来研究摆线参数方程的代数特征和曲线特征。

实验背景

物理学中的物体运动方程,在数学上就是参数方程。参数方程对于解决实际问题具有重要意义。本实验将介绍参数方程的基本概念,给出参数方程的一个重要实例——摆线。摆线是一类十分重要的曲线,可以分为平摆线、圆摆线、渐开线三大类。常见的大部分曲线都可以看成是摆线的特例,如星形线、心脏线、阿基米德螺线、玫瑰线等,如图 2.1 所示。摆线也是很有用的一类曲线,如最速降线就是平摆线,工厂中常用的齿轮齿廓曲线通常是渐开线或圆摆线,公共汽车的两折门利用了星形线的原理。还有如收割机、翻土机等许多农用机械和工厂中的车床等,也采用了摆线原理。而且,摆线在天文中也有重要应用,行星相对地球的轨迹、月亮相对太阳的轨迹都可以看作是摆线。

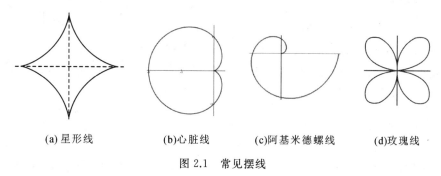

(a) 星形线　　(b) 心脏线　　(c) 阿基米德螺线　　(d) 玫瑰线

图 2.1　常见摆线

实验内容

1. 建立椭圆的参数方程,并绘制在 a,b 不同取值下参数方程 $\begin{cases} x = a\cos\theta \\ y = b\sin\theta \end{cases}$ $(0 \leqslant \theta \leqslant 2\pi)$ 的椭圆形状;
2. 建立圆内摆线的参数方程,绘制不同的半径下,圆内摆线的图形;
3. 通过研究定圆和动圆的半径分析圆内摆线的曲线特征,并通过变换参数来研究同一曲线可以利用不同的参数来建立不同形式的参数方程,进而指出常用的参数形式及意义(如时间、转角和弧长等)。

实验指导

1.参数方程

一般地,在平面直角坐标系中,如果曲线上任意一点的坐标(x,y)都是某个变量t的函数$\begin{cases}x=f(t)\\y=g(t)\end{cases}$,并且对于$t$的每一个允许值,由上述方程组所确定的点$M(x,y)$都在这条曲线上,那么上述方程则为这条曲线的参数方程,联系x,y的变量t叫作变参数,简称参数。例如,圆的参数方程$\begin{cases}x=a+r\cos\theta\\y=b+r\sin\theta\end{cases}$,$\theta\in[0,2\pi]$,$(a,b)$为圆心坐标,$r$为圆半径,$\theta$为参数,$(x,y)$为经过点的坐标。相对于参数方程而言,直接给出点的坐标间关系的方程叫作普通方程。对于空间曲线的参数方程$\begin{cases}x=f(t)\\y=g(t)\\z=h(t)\end{cases}$(注意:参数是联系变量$x,y,z$的桥梁,可以是一个有物理意义和几何意义的变量,也可以是没有实际意义的变量),平面曲线的极坐标参数方程为$\begin{cases}r=f(t)\\\theta=g(t)\end{cases}$。

2.摆线

圆摆线是指两个相切的圆,其中一个圆固定,另外一个圆切着固定圆滚动时动圆上固定点的运动轨迹曲线。圆摆线分为内摆线、外摆线和环摆线三种。内摆线,两圆内切,“小圆”在“大圆”内滚动;外摆线,两圆外切,“动圆”在“静圆”上滚动;环摆线,两圆内切,“大圆”在“小圆”外滚动,类似呼啦圈的转动。

3.坐标系与内摆线参数方程的建立

建立如图2.2所示的坐标系,设大圆的半径为a,小圆C的半径为b,大圆的圆心O为原点,小圆C上固定点P开始位于点$A(a,0)$。如图,取θ为小圆C的圆心与大圆圆心连线与x轴的夹角,则点P沿大圆内侧转过的角度为$\frac{a\theta}{b}$,则$\beta=\frac{a\theta}{b}-\theta=\frac{a-b}{b}\theta$,点$P$的坐标$(x,y)$为

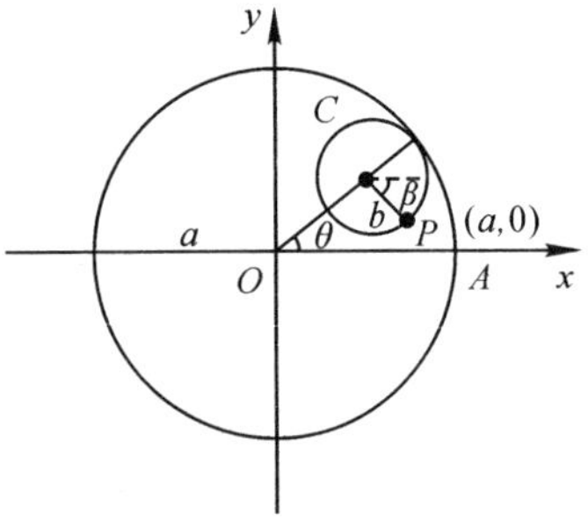

图2.2 内摆线形成示意图

$$\begin{cases}x=(a-b)\cos\theta+b\cos\left(\frac{a-b}{b}\theta\right)\\y=(a-b)\sin\theta-b\sin\left(\frac{a-b}{b}\theta\right)\end{cases}$$

当$b=1,a=4$时,内摆线方程为

$$\begin{cases}x=4\cos^3\theta\\y=4\sin^3\theta\end{cases}$$

绘图程序如下：

```
figure
t = 0:0.1:2*pi;
x = 3*cos(t)+cos(3*t);
y = 3*sin(t)-sin(3*t);
x1=4*cos(t);
y1=4*sin(t);
plot(x,y,'-b');
hold on
plot(x1,y1,'-r');
axis square
axis off
hold off
```

绘图结果如图 2.3 所示，外圈的圆曲线半径为 4，半径为 1 的圆沿外圈圆内滚动形成的曲线（圆内部的曲线）称作星形线或 4 段内摆线。

当 $b=1, a=\dfrac{n}{m}$，其中 m, n 为互质的正整数，且 $n>m$ 时，对于不同的 n、m，摆线的绘图函数如下：

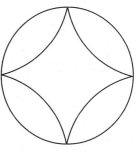

图 2.3　星形线

```
figure
n=20;m=3;
t = 0:0.1:2*m*pi;
a=n/m;b=1;
x = (a-b)*cos(t)+b*cos((a-b)*t/b);
y = (a-b)*sin(t)-b*sin((a-b)*t/b);
x1=a*cos(t);
y1=a*sin(t);
plot(x,y,'-b');
hold on
plot(x1,y1,'-r');
axis square
axis off
hold off
```

$n=20, m=3$ 时绘出的摆线如图 2.4 所示，其中摆线（圆内的曲线）由 20 段 3 个层次的弧线组成，该摆线的周期是 6π。

当 $b=1, a$ 为无理数时，取 $a=\sqrt{11}$，分别对 $\theta \in [0, 10\pi]$，$[0, 20\pi]$，$[0, 50\pi]$，$[0, 500\pi]$ 画出相应的摆线如图 2.5 所示（θ 取 10π、20π、50π 和 100π 时的情形）。从绘图的过程可以看

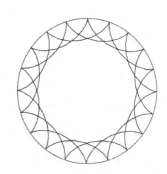

图 2.4　$b=1, a=20/3$ 时的内摆线图形

出,当 a 为无理数时,摆线不是一个周期函数,当 θ 为无穷大时,内圆上定点 P 的轨迹形成一个圆环($b \leqslant r \leqslant a$)。

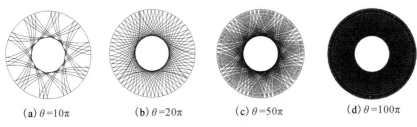

图 2.5　$b=1, a=\sqrt{11}, \theta$ 取不同值时的摆线图

实验练习

1. 设大圆的半径为 a,小圆的半径为 b,当 $b=1, a=\dfrac{n}{m}$,其中 m, n 为互质的正整数,且 $n > m$,研究当 a 变化时,圆内摆线形状的变化情况。

2. 令 $a=\sqrt{11}$,取 b 为不同的整数时,研究圆内摆线图形随 θ 无限增大的变化情况。

3. 已知外摆线的参数方程:$\begin{cases} x=(a+b)\cos\theta - b\cos\dfrac{a+b}{b}\theta \\ y=(a+b)\sin\theta - b\sin\dfrac{a+b}{b}\theta \end{cases}$,化简 $a=6, b=1$ 时的外摆线方程,并画出该外摆线的图形。

4. 令 $b=1$,取 a 为无理数,研究外摆线图形随 θ 无限增大的变化情况。

实验拓展

1. 用参数方程表示公共汽车车门的运动轨迹,并说明它的科学性。

2. 用参数方程建立行星运动轨迹曲线,并证明开普勒定律。

实验 3　曲面的参数方程及绘制

实验目的

1. 理解旋转曲面参数方程中参数的意义，能利用参数网格画出旋转曲面的图形；
2. 会建立典型二次曲面的参数方程；
3. 掌握用参数方程绘制曲面的方法和基本绘图命令；
4. 会用曲面参数方程表述曲面的裁剪图形。

实验背景

空间曲面 Σ 可用显式方程：$z=f(x,y)$，$(x,y)\in D$ 表示，则曲面 Σ 可在网格矩阵 $\{(x,y)|(x,y)\in D\}$ 下用 surf 函数画出。但是很多复杂曲面很难写出显式方程（见图 3.1），此时可通过隐式方程 $F(x,y,z)=0$，$(x,y)\in D$ 表示曲面，问题是如何绘制其图形？

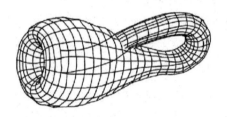

图 3.1　复杂曲面图形

复杂空间曲线可看作是物体的空间运动轨迹，用时间作为参数建立参数方程 $\begin{cases} x=x(t) \\ y=y(t) \\ z=z(t) \end{cases}$，$a\leqslant t\leqslant b$，就可用 plot3(x,y,z) 画出曲线。类似地，对于曲面的隐式方程 $F(x,y,z)=0$，$(x,y)\in D$，本实验将通过旋转曲面的参数方程的建立，介绍曲面 $\Sigma:F(x,y,z)=0$ 的参数方程 $\begin{cases} x=x(u,v) \\ y=y(u,v) \\ z=z(u,v) \end{cases}$，$a\leqslant u\leqslant b$，$c\leqslant u\leqslant d$ 的基本概念和建立曲面参数方程的基本方法，并用参数 u，v 的平面网格 $\{(u,v)|a\leqslant u\leqslant b,c\leqslant u\leqslant d\}$ 对应曲面 $\Sigma:\{(x,y,z)|x=x(u,v),y=y(u,v),z=z(u,v)\}$，利用 surf(x,y,z) 绘出曲面 Σ。

实验内容

1. 建立 zOx 平面的半个圆 $\begin{cases} x=r\sin\varphi \\ y=0 \\ z=r\cos\varphi \end{cases}$ $(0\leqslant\varphi\leqslant\pi,r>0)$ 绕 z 轴旋转而成的球面的参数方

程,并说明参数的意义,用 surf 函数画出球面;

2.建立 xOy 平面的抛物线 $\begin{cases} y=x^2 \\ z=0 \end{cases}$ 绕 y 轴旋转而成的旋转抛物面的参数方程,画出抛物面,并说明参数的意义;

3.建立典型二次曲面:椭圆抛物面、单叶双曲面、双叶双曲面和双曲抛物面的参数方程,并利用 ezmesh 和 ezsurf 绘制曲面;

4.通过控制参数的范围来裁剪曲面。

实验指导

1.旋转曲面的参数方程及绘制

(1)球面 $x^2+y^2+z^2=r^2$。

球面 Σ 上任一点 $M(x,y,z)$ 是由 zOx 平面的半圆
$\begin{cases} x=r\sin\varphi \\ y=0 \\ z=r\cos\varphi \end{cases}$ $(0\leqslant\varphi\leqslant\pi,r>0)$ 上的点 $M_0(x_0,0,z_0)$ 绕 z 轴逆时针旋转 θ 角而得的,如图 3.2 所示。设 $M'(x,y,0)$ 为 $M(x,y,z)$ 在 xOy 平面上的投影,则 OM' 与 x 轴正向的夹角为 θ,OM 与 z 轴正向的夹角为 φ,点 M 到 z 轴的距离与点 M_0 到 z 轴的距离相等,即 $\sqrt{x^2+y^2}=|x_0|=r\sin\varphi$,且 $z=z_0=r\cos\varphi$,则有 $x=\sqrt{x^2+y^2}\cos\theta=r\sin\varphi\cos\theta$,$y=$

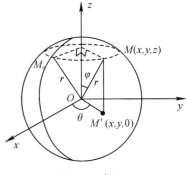

图 3.2 球面

$\sqrt{x^2+y^2}\sin\theta=r\sin\varphi\sin\theta$,球面的参数方程为 $\begin{cases} x=r\sin\varphi\cos\theta \\ y=r\sin\varphi\sin\theta \\ z=r\cos\varphi \end{cases}$。参数 θ-φ 平面上的区域 $D=$

$\{(\theta,\varphi)\mid 0\leqslant\theta\leqslant2\pi,0\leqslant\varphi\leqslant\pi\}$ 映射到球面 Σ:$\{(x,y,z)\mid x=r\sin\varphi\cos\theta,y=r\sin\varphi\sin\theta,z=r\cos\varphi\}$,球面上任一点可以用 (θ,φ) 表示,其中 θ 为经线,φ 为纬线。于是,由 (θ,φ) 生成球面图像的网格矩阵,[theta,phi]=meshgrid(theta0,phi0),然后用参数方程计算出球面上的点坐标 (x,y,z),再用 surf(x,y,z)画出球面,程序如下:

```
% 球面
clc;
clear;
r=4;
theta0=linspace(0,2*pi,80);
phi0=linspace(0, pi,80);
[theta,phi]=meshgrid(theta0, phi0);
x=r*sin(phi).*cos(theta);
y=r*sin(phi).*sin(theta);
```

```
z=r*cos(phi);
surf(x,y,z);
title('球面')
view(30,15);
```

程序运行结果如图 3.3 所示。

(2) 旋转抛物面 $z=\dfrac{x^2+y^2}{a}$。

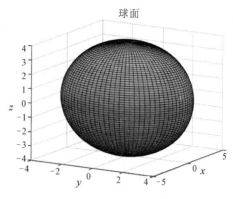

图 3.3 用 MATLAB 画的球面

旋转抛物面 Σ 上任一点 $M(x,y,z)$ 是由 zOx 平面的半条抛物线 $\begin{cases} z=\dfrac{x^2}{a} \\ x\geq 0 \\ y=0 \end{cases}$ 的点 $M_0(x_0,0,z_0)$ 绕 z 轴逆时针旋转 θ 角而得的,如图 3.4(a)所示,设 $M'(x,y,0)$ 为 $M(x,y,z)$ 在 xOy 平面上的投影,则 OM' 与 x 轴正向的夹角为 θ。点 M 到 z 轴的距离与点 M_0 到 z 轴的距离相等,即 $\sqrt{x^2+y^2}=|x_0|=\sqrt{az_0}$,且 $z=z_0$,则有 $x=\sqrt{x^2+y^2}\cos\theta=\sqrt{az}\cos\theta$,$y=\sqrt{x^2+y^2}\sin\theta=\sqrt{az}\sin\theta$,旋转抛物面的参数方程为 $\begin{cases} x=\sqrt{at}\cos\theta \\ y=\sqrt{at}\sin\theta \\ z=t \end{cases}$。当 $a>0$ 时,参数 θ-t 平面上的区域 $D=\{(\theta,t)\,|\,0\leq\theta\leq 2\pi, 0\leq t\leq+\infty\}$ 映射到旋转抛物面 $\Sigma:\{(x,y,z)\,|\,x=\sqrt{at}\cos\theta,y=\sqrt{at}\sin\theta,z=t\}$。旋转抛物面上任一点可以用 (θ,t) 表示,由 (θ,t) 生成旋转抛物面图像的网格矩阵,[theta,t1]=meshgrid(theta0,t0),然后用参数方程计算出旋转抛物面上的点坐标 (x,y,z),再用 surf(x,y,z)画出旋转抛物面,程序如下:

```
% 旋转抛物面
figure;
clear;
a=4;
t0=linspace(0,4,80);
theta0=linspace(0,2*pi,80);
[theta,t1]=meshgrid(theta0,t0);
r=sqrt(a*t1);
x=r.*cos(theta);
y=r.*sin(theta);
z=t1;
surf(x,y,z);
title('旋转抛物面')
view(30,15);
```

程序运行结果如图 3.4(b)所示。

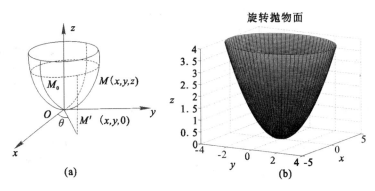

图 3.4 旋转抛物面

2.二次曲面的参数方程及绘制

(1)椭圆抛物面 $z=\dfrac{x^2}{a^2}+\dfrac{y^2}{b^2}(a>0,b>0)$。

椭圆抛物面 $z=\dfrac{x^2}{a^2}+\dfrac{y^2}{b^2}$ 方程变形为 $\dfrac{x^2}{a^2z}+\dfrac{y^2}{b^2z}=1,z\geqslant 0$,令 $z=t$,则可由椭圆的参数方程得到 $x=a\sqrt{t}\cos\theta,y=b\sqrt{t}\sin\theta$。椭圆抛物面的参数方程为 $\begin{cases}x=a\sqrt{t}\cos\theta\\y=b\sqrt{t}\sin\theta\\z=t\end{cases}$,参数 $\theta-t$ 平面上的区域 $D=\{(\theta,t)\,|\,0\leqslant\theta\leqslant 2\pi,0\leqslant t\leqslant+\infty\}$ 映射到旋转抛物面 $\Sigma:\{(x,y,z)\,|\,x=a\sqrt{t}\cos\theta,y=b\sqrt{t}\sin\theta,z=t\}$。旋转抛物面上任一点可以用 (θ,t) 表示,由 (θ,t) 生成旋转抛物面图像的网格矩阵,[theta,t1]=meshgrid(theta0,t0),然后用参数方程计算出旋转抛物面上的点坐标 (x,y,z),再用 surf(x,y,z)画出椭圆抛物面,程序如下:

```
% 椭圆抛物面
figure;
clear;
a=3,b=4;
t0=linspace(0,5,80);
theta0=linspace(0,2*pi,80);
[theta,t1]=meshgrid(theta0,t0);
r=sqrt(a*t1);
x=a*sqrt(t1).*cos(theta);
y=b*sqrt(t1).*sin(theta);
z=t1;
surf(x,y,z);
title('椭圆抛物面')
view(30,15);
```

程序运行结果如图 3.5 所示。

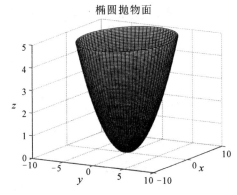

图 3.5 椭圆抛物面

(2)单叶双曲面$\dfrac{x^2}{a^2}+\dfrac{y^2}{b^2}-\dfrac{z^2}{c^2}=1$。

单叶双曲面方程可以变形为$\dfrac{x^2}{a^2}+\dfrac{y^2}{b^2}=1+\dfrac{z^2}{c^2}$ $(a>0,b>0,c>0)$,借助于椭圆的参数方程,可以取 $x=a\sqrt{1+z^2/c^2}\cos t$, $y=b\sqrt{1+z^2/c^2}\sin t$, $0\leqslant t\leqslant 2\pi$,即 x,y 随着 z 和 t 的变化而变化,用 z 和 t 构成网格矩阵,计算出 x,y,就可以用 surf 函数画出单叶双曲面的图形(为了图形的细节展现,设定$|z|\leqslant 2c$),程序如下:

```
% 单叶双曲面
clear;
a=2; b=3; c=4;
z=linspace(-2*c,2*c,40);
t=linspace(0,2*pi,40);
[z1,t1]=meshgrid(z,t);
x=a*sqrt(1+z1.^2/c/c).*cos(t1);
y=b*sqrt(1+z1.^2/c/c).*sin(t1);
surf(x,y,z1);
title('单叶双曲面')
```

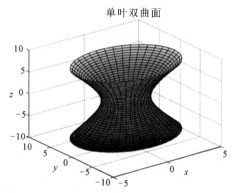

图 3.6　单叶双曲面

程序运行结果如图 3.6 所示。

(3)双叶双曲面$\dfrac{x^2}{a^2}+\dfrac{y^2}{b^2}-\dfrac{z^2}{c^2}=-1$。

双叶双曲面方程变形为$\dfrac{x^2}{a^2}+\dfrac{y^2}{b^2}=\dfrac{z^2}{c^2}-1$ $(a>0,b>0,c>0)$,取 $x=a\sqrt{-1+z^2/c^2}\cos t$, $y=b\sqrt{-1+z^2/c^2}\sin t$, $0\leqslant t\leqslant 2\pi$, $|z|\geqslant c$, z 和 t 构成网格矩阵,计算出 x,y。由于$|z|\geqslant c$, z 分成 $z\geqslant c$ 和 $z\leqslant -c$ 两部分,把 z 限定在$|z|\leqslant 4c$,形成两个网格 $\{(z,t)\mid 0\leqslant t\leqslant 2\pi,-4c\leqslant z\leqslant -c\}$ 和 $\{(z,t)\mid 0\leqslant t\leqslant 2\pi,c\leqslant z\leqslant 4c\}$,图形分为上下两个部分,可以分别用 surf 函数画出双叶双曲面的图形。

```
% 双叶双曲面
figure;
clear;
a=2;b=3;c=4;
k=linspace(-4*c,-c,20);
t=linspace(0,2*pi,40);
[z1,t1]=meshgrid(k,t);
x=a*sqrt(-1+z1.^2/c/c).*cos(t1);
y=b*sqrt(-1+z1.^2/c/c).*sin(t1);
surf(x,y,z1);
hold on
k=linspace(c,4*c,20);
```

```
[z1,t1]=meshgrid(k,t);
x=a*sqrt(-1+z1.^2/c/c).*cos(t1);
y=b*sqrt(-1+z1.^2/c/c).*sin(t1);
surf(x,y,z1)
title('双叶双曲面')
```

程序运行结果如图3.7所示。

3.参数方程作图

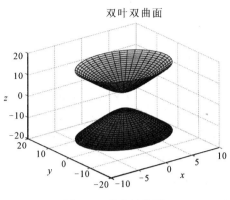

图3.7 双叶双曲面

对于参数方程表示的曲面也有专门的作图命令 ezmesh 和 ezsurf。曲面的参数方程为 $\begin{cases} x=x(s,t) \\ y=y(s,t), \\ z=z(s,t) \end{cases}$

其中 s,t 为参数,可以在 $a\leqslant s\leqslant b, c\leqslant t\leqslant d$ 上画网格图,就可以绘制出相应区域上的曲面。显函数 $z=f(x,y)$ 表示的曲面,也可以把 x,y 看作参数,在区域 $a\leqslant x,y\leqslant b$ 上画 $z=f(x,y)$ 的网格图。常用参数方程表示的曲面绘图函数如表3.1所示。

表3.1 常用参数方程表示的曲面绘图函数

命令	功能
ezmesh(f)	在默认区域 $-2\pi\leqslant x,y\leqslant 2\pi$ 上画 $z=f(x,y)$ 的网格图
ezmesh(f,[a,b])	在区域 $a\leqslant x,y\leqslant b$ 上画 $z=f(x,y)$ 的网格图
ezmesh(f,[a,b,c,d])	在区域 $a\leqslant x\leqslant b, c\leqslant y\leqslant d$ 上画 $z=f(x,y)$ 的网格图
ezmesh(f,[a,b,c,d],'circ')	在圆域(圆心为 $\left(\frac{a+b}{2},\frac{c+d}{2}\right)$,半径为 $r=\sqrt{\left(\frac{b-a}{2}\right)^2+\left(\frac{d-c}{2}\right)^2}$)上画 $z=f(x,y)$ 的网格图
ezmesh(x,y,z)	在 $-2\pi\leqslant u,v\leqslant 2\pi$ 上画由参数方程 $x=x(u,v),y=y(u,v),z=z(u,v)$ 确定的网格图
ezmesh(x,y,z,[a,b])	在 $a\leqslant s,t\leqslant b$ 上画由参数方程 $x=x(u,v),y=y(u,v),z=z(u,v)$ 确定的网格图
ezmesh(x,y,z,[a,b,c,d])	在 $a\leqslant s\leqslant b, c\leqslant t\leqslant d$ 上画由参数方程 $x=x(u,v),y=y(u,v),z=z(u,v)$ 确定的网格图
ezmesh(x,y,z,[a,b,c,d],'circ')	在圆域上画由参数方程 $x=x(u,v),y=y(u,v),z=z(u,v)$ 确定的网格图
ezmeshc(f,[a,b])	画带等高线的三维网格图

注:若自变量不是 x,y,自变量的取值顺序按字母顺序排列。ezsurf命令画彩色表面图,调用格式与ezmesh相同。

例 3.1 分别用命令 ezmesh($-2 \leqslant x \leqslant 2, -2 \leqslant y \leqslant 2$)和 ezsurf($0 \leqslant x \leqslant 4, -1 \leqslant y \leqslant 4$)作函数 $z = xy$ 的图形,并观察 4 个子图的不同特征。

解 MATLAB 命令窗口输入:

```
% 用 ezmesh 绘制曲面
syms x y
z = x * y;
subplot(2,2,1)
ezmesh(z,[-2,2])              % 矩形网格 -2≤x,y≤2
subplot(2,2,2)
ezmesh(z,[-2,2],'circ')       % 圆形区域网格 √(x²+y²)≤2
subplot(2,2,3)
ezsurf(z,[0,4,-1,4])          % 矩形网格 0≤x≤4,-1≤y≤4
subplot(2,2,4)
ezsurf(z,[0,4,-1,4],'circ')   % 圆形区域网格 √((x-2)²+(y-3/2)²)≤√41/2
```

程序运行结果,如图 3.8 所示。

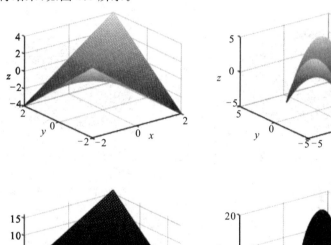

图 3.8 马鞍面图形

4. 曲面的裁剪

例 3.2 已知单位球面方程 $\begin{cases} x = \sin\varphi\cos\theta \\ y = \sin\varphi\sin\theta \\ z = \cos\varphi \end{cases}$,其中 $0 \leqslant \varphi \leqslant \pi, 0 \leqslant \theta \leqslant 2\pi$。

(1)画 $\dfrac{3}{4}$ 球壳;

(2)画球面被平面 $z=\dfrac{3}{4}$ 所截余下的部分球面。

解 通过限制参数的范围达到裁剪的效果,如取 $0\leqslant\varphi\leqslant\pi,0\leqslant\theta\leqslant\dfrac{3\pi}{2}$,就可画 $\dfrac{3}{4}$ 球壳,程序如下:

```
x='sin(s)*cos(t)';
y='sin(s)*sin(t)';
z='cos(s)';
figure(1)
ezsurf(x,y,z,[0,pi,0,3/2*pi])    %0≤s≤π,0≤t≤3π/2
view(15,30)                       %取方位角15°,俯视角30°作为观察点观察图形
figure(2)
ezsurf(x,y,z,[acos(3/4),pi,0,2*pi])   %arccos3/4≤s≤π,0≤t≤3π/2
```

程序运行结果如图 3.9 所示。

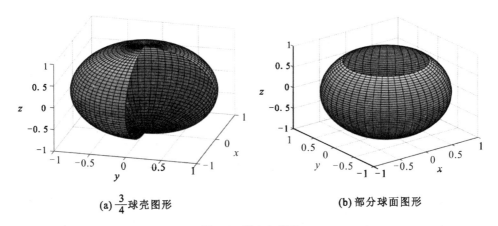

(a) $\dfrac{3}{4}$ 球壳图形 (b) 部分球面图形

图 3.9　例 3.2 球面

实验练习

1.建立直线 $\begin{cases} x=1 \\ y=t \\ z=2t \end{cases}$ 绕 z 轴旋转所得旋转曲面的参数方程,并画出曲面。

2.建立由 $A_1(x_1,y_1,z_1),A_2(x_2,y_2,z_2),A_3(x_3,y_3,z_3)$ 三个点确定的平面 Π 的参数方程,并编写画图程序,画出一个具体的平面。

3.画出参数方程 $\begin{cases} x=u\cos v \\ y=u\sin v \\ z=\sin u \end{cases}$ $(-\pi\leqslant u\leqslant\pi)$ 表示的曲面。

4.画出下列参数方程表示的曲面。

(1) $\begin{cases} x = \sin v \\ y = \cos u \sin 2v \\ z = \sin u \sin 2v \end{cases}$;

(2) $\begin{cases} x = (1-u)(3+\cos v)\cos 4\pi u \\ y = (1-u)(3+\cos v)\sin 4\pi u \\ z = 3u + (1-u)\sin v \end{cases}$;

(3) $\begin{cases} x = \cos^3 u \cos^3 v \\ y = \sin^3 u \cos^3 v \\ z = \sin^3 v \end{cases}$;

(4) $\begin{cases} x = (1-|u|)\cos v \\ y = (1-|u|)\sin v \\ z = u \end{cases}$ 。

5.绘制曲面 $\begin{cases} x = 4\sin u \cos v \\ y = 9\sin u \sin v \\ z = \cos u \end{cases}$,$0 \leqslant u \leqslant \pi, 0 \leqslant v \leqslant 2\pi$。要求：

(1)画 $\frac{1}{2}$，$\frac{3}{4}$ 椭球面；

(2)画椭球面被平面 $z = \frac{1}{2}$ 所截余下的部分。

实验拓展

1.写出 zOx 平面上的圆 $(x-a)^2 + z^2 = b^2 (a>0, b>0)$ 绕 z 轴旋转所得的旋转曲面的参数方程，并以 $a>b, a=b, a<b$ 的不同取值讨论图形的形状。

2.一个炮塔可以自由旋转一周，炮弹的发射角为 α，炮弹的出膛速度为 v_0，试画出炮塔可以防御的曲面形状。讨论当 $\frac{\pi}{12} \leqslant \alpha \leqslant \frac{5\pi}{12}$ 时该炮塔可以防御的范围(不考虑空气阻力)。

实验 4　极坐标系下圆锥曲线的绘制及其性质研究

实验目的

1．熟悉 MATLAB 极坐标下曲线的绘制命令；
2．掌握极坐标下曲线的绘制方法；
3．能够绘出熟悉的圆锥曲线的图形；
4．对参数离心率 e 与圆锥曲线形状关系有深入了解，并能应用于实践。

实验背景

圆锥曲线是椭圆、抛物线、双曲线的统称，因为它们都可以通过"用平面截圆锥"来得到，如图 4.1 所示。在直角坐标系中这些曲线都可以用二次方程表示，所以又可称为二次曲线。

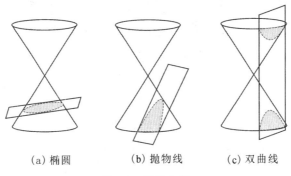

(a) 椭圆　　　(b) 抛物线　　　(c) 双曲线

图 4.1　圆锥曲线

对圆锥曲线的研究起源于古希腊学者梅内克莫斯（Menaechmus），他起初的目标是解决当时的一个著名难题——倍立方问题，即用圆规直尺作图的方法把任意正立方体的体积扩大一倍。约 100 年以后，古希腊著名数学家阿波罗尼奥斯（Apollonius，常被后人与欧几里得、阿基米德合称为亚历山大前期三大数学家）更详尽、更系统地研究了圆锥曲线，得到了与现在教科书里一致的定义，并研究了圆锥曲线的光学性质。欧几里得在其《几何原本》中描述了圆锥曲线的共性，并给出了圆锥曲线的统一定义。

16 世纪，德国天文学家开普勒揭示出太阳系行星运行的规律，使圆锥曲线从"书斋"中走出来，成为人们认识自然的有力武器。开普勒考察、研究了前人对行星运动的大量观察数据，总结出太阳系中行星运动的三大定律："每个行星都以椭圆轨道环绕太阳运动，而太阳位于椭圆的一个焦点上"，"太阳到行星的矢径在相等的时间间隔中扫过相等的面积"，"行星的轨道周期的平方与它的椭圆轨道的半长轴的立方成正比"。其实，开普勒定律不仅适用于行星绕太阳的运动,也可适用于任何"二体系统"的运动,如地球和月亮、地球和人造地球卫星等。

在发射运载火箭时,火箭运载的航天器是成为人造地球卫星(对地球而言,轨道是椭圆),还是成为人造行星(对地球而言,轨道是抛物线或者双曲线),取决于火箭燃料用完时的"发射速度"。在地球上发射一个物体,如果发射速度 v_0 太小,由于地球引力的作用,这个物体就会被吸回到地面。只有当发射速度达到或超过 $v_1 = 7.91$ km/s 时,物体才会保持在空中运行,而不回到地面。v_1 叫作"环绕地球速度",也被称为"第一宇宙速度"。当 $v_0 = v_1$ 时,发射体的轨道是以地心为圆心的圆。当 $v_0 > v_1$ 时,发射体的轨道(对地球而言)是一条以地心为焦点的圆锥曲线,可能是椭圆、抛物线或双曲线,如图 4.2 所示。

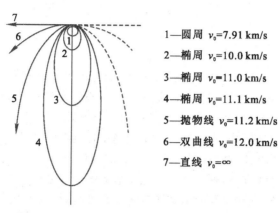

1——圆周　$v_0 = 7.91$ km/s
2——椭周　$v_0 = 10.0$ km/s
3——椭周　$v_0 = 11.0$ km/s
4——椭周　$v_0 = 11.1$ km/s
5——抛物线　$v_0 = 11.2$ km/s
6——双曲线　$v_0 = 12.0$ km/s
7——直线　$v_0 = \infty$

图 4.2　发射速度与轨道形状的关系

为准确描述,记 $v_2 = 11.2$ km/s,$v_3 = 16.7$ km/s。当 $v_1 < v_0 < v_2$ 时,发射体环绕地球沿椭圆轨道运行,被称为"人造卫星"。当 $v_0 = v_2$ 时,发射体的轨道是抛物线(一半)。当 $v_0 \geqslant v_2$ 时,发射体将远离地球,不再回到地球附近,所以 v_2 叫作"脱离地球速度",也称"第二宇宙速度"。当 $v_0 \geqslant v_2$ 时,发射体远离地球后,太阳引力的作用成为决定因素,发射体的轨道成为以太阳为焦点的圆锥曲线。当 $v_2 < v_0 < v_3$ 时,发射体的轨道是以太阳为焦点的椭圆,发射体成为一个"人造行星"。当 $v_0 \geqslant v_3$ 时,发射体将挣脱太阳的引力,飞到太阳系以外去,所以 v_3 叫作"脱离太阳系速度",也称"第三宇宙速度"。

光学方面,圆锥曲线有非常好的性质:把光源放在抛物线的焦点上,发射出来的光线经抛物线反射后以平行于对称轴的方向发射出去;从椭圆的一个焦点发出的光线,经过椭圆反射后集中到另一个焦点上;从双曲线的一个焦点发出的光线经过反射后,其反向延长线交点即为另一个焦点。根据光的传播路径的可逆性,以上光路也可以得到相反的路径。另外,热、声、电磁波的传播路径的性质与光线一样,所以圆锥曲线在科学技术上有着广泛的应用。例如汽车前照灯和探照灯等的反射镜面是旋转抛物面,可以射出平行光线,增加光照范围。也可以利用太阳光(平行光束)经过抛物镜面的反射而集中于焦点,在焦点处产生高温(这也是"焦点"一词的由来)的性质,制作太阳灶或太阳能热水器。还可以把雷达定向天线装置的反射器、射电天文望远镜的反射器和电磁微波中继天线的反射器等做成旋转抛物面或抛物柱面的形状,以保证电磁波的发射和接收有良好的方向性。位于我国贵州省平塘县被誉为"中国天眼"的望远镜,是口径为 500 m,世界上最大的球面射电望远镜。其设计的反射面可以改变形状,可由球面变成抛物面。一种电影放映机放映灯泡的反射镜面是旋转椭球面,叫作全反射放映灯泡,发光亮度比使用旧灯泡提高三倍。

其他方面,海上航行的轮船在确定位置时使用一种"双曲线时差定位法",就是利用"双曲线上的点到两焦点的距离之差是一个常数"的原理设计的。先在海岸或岛屿上建3个导航点 A、B、C,如图4.3所示。根据轮船 T 接收从 A、B 发来信号的时间差,知道轮船在以 A、B 为焦点的某双曲线上;又根据轮船 T 接收从 A、C 发来信号的时间差,知道轮船在以 A、C 为焦点的某双曲线上。从而轮船 T 在两组双曲线的交点上,这就确定了轮船的位置。

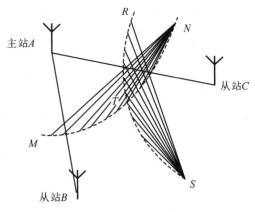

图4.3 双曲线时差定位法

由此可见,对圆锥曲线性质的研究具有重要价值。在平面上取定坐标系后,点与坐标相对应,曲线与代数方程相对应,这体现了形与数之间的联系,并开创了用代数手段研究几何问题的途径。根据圆锥曲线的特征建立极坐标能够很方便地写出圆锥曲线的方程,画出其图形,帮助我们研究其性质。

极坐标是一种常用的坐标系,古希腊人最早使用了角度和弧度的概念,天文学家希帕恰斯(Hipparchus)制成了一张求各角所对弦的弦长函数的表格。并且,曾有人引用了他的极坐标系来确定恒星位置。在螺线方面,阿基米德描述了著名的阿基米德螺线,一个半径随角度变化的方程。格雷瓜·德·圣-万桑特和博纳文图拉·卡瓦列里,被认为几乎同时并独立地引入了极坐标系这一概念。卡瓦列里首次利用极坐标系来解决一个关于阿基米德螺线内的面积问题。布莱士·帕斯卡随后使用极坐标系来计算抛物线的长度。在1671年写成,1736年出版的《流数法与无穷级数》(The Method of Fluxions and Infinite Series)一书中,牛顿第一个将极坐标系应用于表示平面上的任何一点。牛顿在书中验证了极坐标系和其他九种坐标系的转换关系。在1691年出版的《博学通报》(Acta erudi torum)。一书中雅各布·伯努利正式使用定点和从定点引出的一条射线等概念,定点称为极点,射线称为极轴。平面内任何一点的坐标都通过该点与定点的距离和与极轴的夹角来表示。伯努利通过极坐标系对曲线的曲率半径进行了研究。

有些几何轨迹问题如果用极坐标法处理,其方程比用直角坐标法来得简单,描图也较方便。1694年,J.伯努利利用极坐标引进了双纽线方程,该曲线在18世纪起了相当大的作用。方程 $r=1+\sin\theta$,在笛卡儿坐标系的图形如图4.4(a)所示,是正弦曲线向上移了一个单位距离形成。而在极坐标系中的图形如图4.4(b)所示,是一个"心形线",法国数学家笛卡儿首次利用极坐标绘出了心形线。

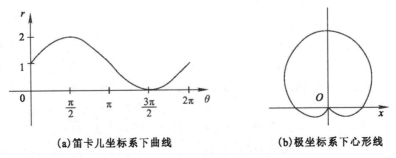

(a)笛卡儿坐标系下曲线　　　　(b)极坐标系下心形线

图4.4　$r=1+\sin\theta(0\leqslant\theta\leqslant 2\pi)$ 图形

实验内容

用笛卡儿坐标系难以表述和研究的一些曲线(如迷人的星际图等螺线),用极坐标系表示非常方便。圆锥曲线是典型的二次曲线,通过极坐标来研究圆锥曲线,为解析几何的研究提供了另外一种途径。本实验通过圆锥曲线的极坐标方程建立,极坐标图形的绘制,观察分析圆锥曲线的特征参数,认识曲线族的参数意义,并解释实际现象,解决实际问题。

实验指导

1.极坐标

平面内取一个定点 O,作为极点,引一条射线 Ox(与笛卡儿坐标系下的 x 轴正向一致),叫作极轴,再选定一个长度单位和角度的正方向(通常取逆时针方向)。对于平面内任何一点 P,用 r 表示线段 OP 的长度,叫作点 P 的极径;θ 表示从 Ox 到 OP 的角度,θ 叫作点 P 的极角,有序数对 (r,θ) 就叫作点 P 的极坐标,这样建立的坐标系叫作极坐标系,见图 4.5。

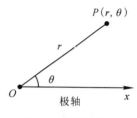

图 4.5 极坐标系

规定线段 OP 与极轴成逆时针方向时极角为正,顺时针方向为负,$r \geqslant 0$。极坐标 (r,θ) 与平面直角坐标系下点 P 的直角坐标 (x,y) 的关系为 $\begin{cases} x = r\cos\theta \\ y = r\sin\theta \end{cases}$。需要注意的是,平面上任一点 P 的直角坐标是唯一的,但极坐标的表示不唯一,比如点 $\left(1,\dfrac{5}{4}\pi\right)$ 也可以表示为 $\left(1,-\dfrac{3}{4}\pi\right)$,$\left(1,\dfrac{13}{4}\pi\right)$ 和 $\left(1,\dfrac{5}{4}\pi+2n\pi\right)$ 等(见图 4.6)。极坐标方程 $r=f(\theta)$ 或 $F(r,\theta)=0$ 表示的曲线是由所有满足方程的极坐标 (r,θ) 的点组成的。

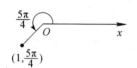 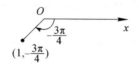 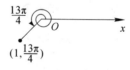

图 4.6 点的极坐标表示

2.极坐标方程的曲线绘制

极坐标方程 $r=f(\theta)$ 的曲线绘制有两种方法,一种是把极坐标转化为直角坐标,再在直角坐标下绘图,一种是利用极坐标绘图命令

polar(theta,rho,line_spec)

直接绘图。其中 theta 与 rho 是维数相同的向量,theta 的单位是弧度,rho 是 theta 对应的极径值,line_spec 为曲线的线型和颜色。(见附录2)

如方程 $r=1-\sin\theta$ 的画图程序如下:

```
%极坐标下心形线作图
figure
t = 0:0.1:2*pi;
polar(t,1-sin(t),'--r')
```

同样，可以画出方程 $r=1+\sin\theta$, $r=1+\cos\theta$ 和 $r=1-\cos\theta$ 的图形，如图 4.7 所示。

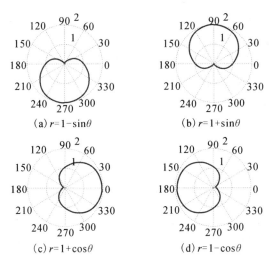

图 4.7 心形线

3.极坐标下圆锥曲线的方程和性质

如图 4.8(a)所示，在直角坐标系下，椭圆的标准方程为 $\dfrac{x^2}{a^2}+\dfrac{y^2}{b^2}=1$，若记 c 为焦距（两焦点间的距离）的一半，则有 $c^2=a^2-b^2$。

如图 4.8(b)所示，双曲线的标准方程为 $\dfrac{x^2}{a^2}-\dfrac{y^2}{b^2}=1$，若记 c 为焦距（两焦点间的距离）的一半，则有 $c^2=a^2+b^2$。

这两个方程所表示的椭圆和双曲线，动点 P 到焦点 $(c,0)$（或 $(-c,0)$）的距离与到准线 $x=\dfrac{a^2}{c}$（或 $x=-\dfrac{a^2}{c}$）的距离之比为常数 $e=\dfrac{c}{a}$，称为离心率。

如图 4.8(c)所示，抛物线的标准方程为 $y^2=2px$，这里 p 是焦点到准线的距离，动点 P 到焦点 $\left(\dfrac{p}{2},0\right)$ 的距离与到准线 $x=-\dfrac{p}{2}$ 的距离之比为常数 1，也记为 $e=1$。

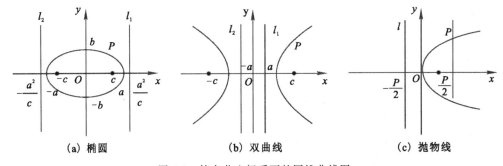

图 4.8 笛卡儿坐标系下的圆锥曲线图

由此，圆锥曲线就可以统一如下定义：设 F 是平面内的一个固定的点（称为焦点），l 是平面内一条固定的直线（称为准线），e 是一个正常数（称为离心率），C 是满足方程

$$\frac{|PF|}{|Pl|}=e$$

的所有点 P 的集合(亦即点 P 到点 F 的距离与到直线 l 的距离之比是一个常数),如图 4.9 所示。当 $e<1$ 时,曲线 C 是椭圆;$e>1$ 时,曲线 C 是双曲线;$e=1$ 时,曲线 C 是抛物线。

取 F 为基点,l 垂直于极轴且距极点的距离为 d(方程为 $x=d$),则满足

$$|PF|=r, |Pl|=d-r\cos\theta$$

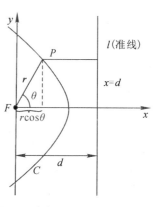

于是曲线的极坐标方程为 $r=e(d-r\cos\theta)$,即

$$r=\frac{ed}{1+e\cos\theta}$$

图 4.9 直角坐标转化为极坐标

当 d 固定时,上述极坐标方程给出以 e 为参数的单参数圆锥曲线系。随参数的连续变化,圆锥曲线的形状也在连续变化。如果让 d 也变动,成为第二个参数,上述极坐标方程给出了以 e,d 为参数的双参数圆锥曲线系。

当 $d=1, e=1.8, 1.4, 1, 0.6, 0.2$ 时,画图程序如下。

```
% 极坐标圆锥曲线作图
figure
t=0:0.01:2*pi;
r=10.*cos(0.*t);                    % 固定极坐标图形的范围(极径范围 0~10)
polarplot(t,r,'--w');               % 画一个半径最大为 10 的圆
hold on
lns={'k--', 'k-.', 'k-', 'k-.', 'k--'};  % 结构性字符数组
i=0;
for erat=1.8:-0.4:0.2    % 画五个离心率分别为 1.8,1.4,1,0.6 和 0.2 的圆锥曲线
    i=i+1;
    r1=erat./(1+erat*cos(t));       % r=e/(1+e*cos(t))
    r1(abs(r1)>10)=NaN;             % 对于极径大于 10 的点赋值非数字
    tr=string(lns(i));              % 获取不同的线型字符串
    polarplot(t,r1,tr,'LineWidth',4-i*0.5);   % 画不同的离心率的圆锥曲线
    hold on
end
```

算法运行结果如图 4.10 所示。

从图中可以看出,离心率 e 的连续量变导致了曲线的质变:当 e 从小于 1 逐渐趋近于 1 时,曲线从椭圆右侧逐渐趋近于抛物线;当 e 从大于 1 逐渐趋近于 1 时,双曲线的左支逐渐远离原点,而右支从左边逐渐趋近于抛物线。因此,抛物线可以看作 e 趋近于 1 时椭圆和双曲线的极限情形,在这个意义上,可以把抛物线看作是在 e 的变化过程中椭圆和双曲线之间的"过渡曲线"。

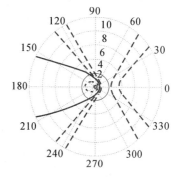

图 4.10 极坐标系下的圆锥曲线图

17世纪初,开普勒在关于一个数学对象能从一个形状连续地变到另一形状的新思想的影响下,对圆锥曲线的性质作了新的阐述。他发现了圆锥曲线的焦点和离心率,并指出抛物线还有一个在无穷远处的焦点,直线是圆心在无穷远处的圆。从而他得到,圆、椭圆、抛物线、双曲线和由两相交直线构成的退化圆锥曲线,都可以从其中一个连续地变为另一个,只需考虑焦点的各种移动方式。例如,椭圆有左、右两个焦点 F_1、F_2,若固定 F_1,考虑 F_2 的移动。则当 F_2 向左移动时,椭圆逐渐趋向于圆,F_2 与 F_1 重合时曲线便是圆,当 F_2 向右移动时,椭圆逐渐趋向于抛物线,F_2 到无穷远处时曲线便为抛物线;当 F_2 从无穷远处由左边回到圆锥曲线的轴上来,曲线便为双曲线;当 F_2 继续向右移动,F_2 又与 F_1 重合时曲线便为两相交直线,它可以看作是退化的双曲线。

实验练习

1. 查阅资料,了解极坐标的历史和发展。

2. 对下列圆锥曲线,确定 e 和 d 的值,并画出这些圆锥曲线的图:

(1) $r = \dfrac{4}{1+4\cos\theta}$; (2) $r = \dfrac{4}{4+4\cos\theta}$; (3) $r = \dfrac{4}{4+\cos\theta}$。

3. 画出方程 $r = \dfrac{e}{1-e\cos\theta}$ 在同一屏幕上 $e=0.2, 0.4, 0.6, 0.8, 1, 1.2, 1.4, 1.6$ 时的不同图形,并说明 e 的大小与曲线形状的关系。

4. 把太阳作为椭圆的一个焦点,画出地球围绕太阳旋转的椭圆轨道,其中离心率 $e=0.017$,椭圆的长轴 $a=2.99\times 10^8$ km。

5. 推导椭圆的极坐标方程 $r = \dfrac{a(1-e^2)}{1-e\cos\theta}$,其中椭圆的离心率为 e,长轴为 a。

6. 通过变化极坐标方程中参数 e 和 d 的值,画图直观感受曲线间的转化。

实验拓展

1. 行星绕太阳运动的轨迹是一个椭圆,太阳是椭圆的一个焦点,行星距太阳最远的位置称作远日点,离太阳最近的位置称为近日点。假设椭圆轨道的长轴为 a,离心率为 e,试求远日点和近日点距太阳的距离。

2. 对于不同的 $e>1, e=1, e<1$,把圆锥曲线的极坐标方程 $r = \dfrac{ed}{1+e\cos\theta}$ 化成直角坐标方程。

3. 利用极坐标证明开普勒定律。

4. 画出下面两个极坐标方程图形,这是两幅美丽的图案(蝶恋花),其中蝴蝶函数与花函数的数学表达式分别为

(1) $r = 3\sin\theta + 3.5\cos(10\theta)\cos(8\theta)$;

(2) $r = 0.2\sin(3\theta) + \sin(4\theta) + 2\sin(5\theta) + 1.9\sin(7\theta) - 0.2\sin(9\theta) + \sin(11\theta)$。

实验 5　数列与级数

实验目的

1. 掌握 MATLAB 语言中的迭代命令,会用迭代判断数列、级数部分和的收敛性;
2. 观察数列、无穷级数部分和的变化趋势,理解数列、级数的收敛性,掌握 MATLAB 中求数列极限、级数求和的命令;
3. 了解数值计算中的无穷大和计算机中的实数数值间隔,会用迭代求无穷级数的和。

实验背景

迭代法是一种不断用变量的旧值递推出新值的过程,是用计算机解决问题的一种基本方法,是计算机程序设计中非常重要的基础技术元素。它利用计算机运算速度快、适合做重复性操作的特点,通过从一个初始估计值出发寻找一系列近似解来解决问题,迭代法在数值计算中具有非常重要的作用。

迭代数列: 把给定的函数关系 f 连续不断地反复作用在初值上,就会产生一个迭代数列,如

$$a, f(a), f(f(a)), f(f(f(a))), \cdots$$

迭代格式: 迭代可以表示成如下的形式,也称为由函数 f 导出的迭代格式,如

$$x_0 = a, x_n = f(x_{n-1}), \quad n = 1, 2, 3, \cdots$$

实验内容

莱昂哈德·欧拉(1707—1783),瑞士数学家和物理学家,近代数学先驱之一。以欧拉的名字命名的物理定律和数学公式很多,也有常数以欧拉的名字命名,例如级数中的欧拉常数,是一个常用于数论的常数,其定义为调和级数与自然对数差的极限,表示为

$$\gamma = \lim_{n \to \infty} \left(1 + \frac{1}{2} + \cdots + \frac{1}{n} - \ln n\right)$$

时至今日,还未能证明欧拉常数是有理数还是无理数。在高等数学中,我们知道调和级数 $\sum_{n=1}^{\infty} \frac{1}{n}$ 是发散的,但是利用单调有界原理可以证明极限 $\lim_{n \to \infty} \left(\sum_{k=1}^{\infty} \frac{1}{k} - \ln n\right)$ 却是收敛的,请你试设计一个计算欧拉常数 γ 的实验,计算出精度 $< 10^{-6}$ 的欧拉常数,并画出欧拉常数的趋势图。

实验指导

1. MATLAB 语言中的迭代实现

把一条线段分割成两段,使较长部分与全长的比值等于较短线段与较长线段的比值,则这

个比值即为黄金分割数,通常用希腊字母 φ 表示。如果设黄金分割数为 x,便有

$$\frac{x}{1}=\frac{1-x}{x}$$

求得

$$x^2=1-x \tag{5.1}$$

若直接计算,易得 $x=\frac{(\sqrt{5}-1)}{2}$,其近似值为 0.618。若采用迭代方式来计算,则式(5.1)可改写为

$$x=\sqrt{1-x} \tag{5.2}$$

式(5.2)表示成 MATLAB 语言的迭代公式为 x＝sqrt(1−x)。在 MATLAB 命令窗口计算如下：

>> x＝1/2

再输入以下语句,就可以求出黄金分割数

>> x＝sqrt(1−x)

x ＝ 0.7071

再次逐步输入：

>> x＝sqrt(1−x)
x ＝ 0.5412
>> x＝sqrt(1−x)
x ＝ 0.6774
>> x＝sqrt(1−x)
x ＝ 0.5680
>> x＝sqrt(1−x)
x ＝ 0.6573
>> x＝sqrt(1−x)
x ＝ 0.5854
>> x＝sqrt(1−x)
x ＝ 0.6439
>> x＝sqrt(1−x)
x ＝ 0.5968
>> x＝sqrt(1−x)
x ＝ 0.6350
>> x＝sqrt(1−x)
x ＝ 0.6042
>> x＝sqrt(1−x)
x ＝ 0.6292
>> x＝sqrt(1−x)
x ＝ 0.6090

>> x＝sqrt(1−x)
x ＝ 0.6253
>> x＝sqrt(1−x)
x ＝ 0.6121
>> x＝sqrt(1−x)
x ＝ 0.6228
>> x＝sqrt(1−x)
x ＝ 0.6142
>> x＝sqrt(1−x)
x ＝ 0.6212
>> x＝sqrt(1−x)
x ＝ 0.6155
>> x＝sqrt(1−x)
x ＝ 0.6201
>> x＝sqrt(1−x)
x ＝ 0.6164
>> x＝sqrt(1−x)
x ＝ 0.6194
>> x＝sqrt(1−x)
x ＝ 0.6169
>> x＝sqrt(1−x)
x ＝ 0.6189

>> x＝sqrt(1−x)
x ＝ 0.6173
>> x＝sqrt(1−x)
x ＝ 0.6186
>> x＝sqrt(1−x)
x ＝ 0.6176
>> x＝sqrt(1−x)
x ＝ 0.6184
>> x＝sqrt(1−x)
x ＝ 0.6177
>> x＝sqrt(1−x)
x ＝ 0.6183
>> x＝sqrt(1−x)
x ＝ 0.6178
>> x＝sqrt(1−x)
x ＝ 0.6182
>> x＝sqrt(1−x)
x ＝ 0.6179
>> x＝sqrt(1−x)
x ＝ 0.6181
>> x＝sqrt(1−x)
x ＝ 0.6179

```
>> x=sqrt(1-x)          >> x=sqrt(1-x)          >> x=sqrt(1-x)
x = 0.6181              x = 0.6180              x = 0.6181
>> x=sqrt(1-x)          >> x=sqrt(1-x)          >> x=sqrt(1-x)
x = 0.6180              x = 0.6181              x = 0.6180
>> x=sqrt(1-x)          >> x=sqrt(1-x)          >> x=sqrt(1-x)
x = 0.6181              x = 0.6180              x = 0.6180
```

这些值是 $\frac{1}{2}, \sqrt{1-\frac{1}{2}}, \sqrt{1-\sqrt{1-\frac{1}{2}}}, \sqrt{1-\sqrt{1-\sqrt{1-\frac{1}{2}}}}, \cdots$ 的近似值。随着迭代次数的增加，计算值停留在 0.6180 不变。其实无论 x 初始值取多少，经过多次迭代运算，计算结果都会停留在 0.618，这就是著名的黄金分割数。MATLAB 在默认情况下以双精度浮点形式 (double) 存储数值数据，当结果是实数时，以小数点后 4 位的精度近似显示。若需提高精确度，只需要在 MATLAB 环境中输入：format long，并重复上述迭代步骤，可得到 0.618033989104936。具体程序如下：

```
>> format long
>> x=0.9
x = 0.900000000000000
>> x=sqrt(1-x)
x = 0.316227766016838
...
>> x=sqrt(1-x)
x = 0.618033989578692
>> x=sqrt(1-x)
x = 0.618033988079384
>> x=sqrt(1-x)
x = 0.618033989292350
>> x=sqrt(1-x)
x = 0.618033988311040
>> x=sqrt(1-x)
x = 0.618033989104936
```

在 MATLAB 语言中，"="是赋值运算符，表示把计算出的"="右边的值存储到左边的符号变量中。因此，表达式 x=sqrt(1-x) 表示用当前的 x 的值计算出 sqrt(1-x) 的值并存储到 x 中。在数学中，"="表示一个等号，如：$x=\sqrt{1-x}$ 是一个等式，该方程的解是一个"不动点"。需要注意的是数学上的不动点和计算机计算出的不动点是不同的，数学上的不动点是精确的，而计算机计算出的不动点是由于计算机精度的不同而呈现的近似值。

在 MATLAB 中，可以用 for 循环和 while 循环来实现上述操作，具体程序如下：

```
>> x=0.9;
>> for k=1:50
```

```
x = sqrt(1-x)
end
```
上面的这段 for 循环可以执行 50 次 x=sqrt(1-x)。实现了数列：
$$\{x_n\}: x_1=0.9, \quad x_n=\sqrt{1-x_{n-1}}, \quad n=2,3,\cdots$$

对于数列 $\{u_n\}$ 和其构成的级数 $\sum_{n=1}^{\infty} u_n$，通常关心的是是否收敛于某个数，以及以何种方式或速度收敛。级数 $\sum_{n=1}^{\infty} u_n$ 的部分和 $s_n=\sum_{k=1}^{n} u_k$ 也构成一个数列 $\{s_n\}$，由高等数学的知识，如果该级数收敛，则部分和数列 $\{s_n\}$ 的极限就是级数的和。例如对于数列
$$0.3, 0.33, 0.333, 0.3333, \cdots$$

其极限为 $\frac{1}{3}$，即该数列收敛于 $\frac{1}{3}$。上述数列也可以表述成

$$\frac{3}{10}+\frac{3}{10^2}+\frac{3}{10^3}+\frac{3}{10^4}+\cdots=\sum_{n=1}^{\infty}\frac{3}{10^n}=\frac{1}{3}$$

即级数 $\sum_{n=1}^{\infty}\frac{3}{10^n}$ 收敛于 $\frac{1}{3}$。

在 MATLAB 中，可用命令 limit 求数列和函数的极限，但是在用 limit 求级数的部分和的极限时，需要建立部分和的表达式，如调和级数 $\sum_{n=1}^{\infty}\frac{1}{n}$，这就需要用 for 或 while 循环来设计求和。例如利用循环语句可以产生如下的斐波那契数列 $\{1,2,3,5,8,13,21,\cdots\}$，其产生程序如下：

```
function f = fibonacci(n)  % 斐波那契数列
% f = fibonacci(n) 产生斐波那契数列的前 n 项
f = zeros(n,1);
f(1) = 1;
f(2) = 2;
for k = 3:n
    f(k) = f(k-1) + f(k-2);
end
```

2.MATLAB 的相关命令

(1)求函数的极限 limit。

MATLAB 软件中求极限的基本命令是 limit，具体调用格式为

limit(f,x,a)：表示求函数 f，当 x 趋于 a 的极限，即求 $\lim_{x \to a} f(x)$；

limit(f,a)：表示求把 f 定义为独立的系统变量的极限；

limit(f)：表示求当 $a=0$ 时 f 的极限；

limit(f,n,inf)：表示求当 n 趋于无穷大时 f 的极限；

limit(f,x,a,'right')：表示求函数 f 的右极限，即求 $\lim_{x \to a^+} f(x)$；

limit(f,x,a,'left')：表示求函数 f 的左极限，即求 $\lim_{x \to a^-} f(x)$；

示例:
```
>>syms x a t h
>>limit(sin(x)/x)              ans=1
```
$$\lim_{x \to 0} \frac{\sin x}{x} = 1$$

```
>>limit((x-2)/(x^2-4),2)        ans=1/4
```
$$\lim_{x \to 2} \frac{x-2}{x^2-4} = \frac{1}{4}$$

```
>>limit((1+2*t/x)^(3*x),x,inf)  ans=exp(6*t)
```
$$\lim_{x \to \infty} \left(1 + \frac{2t}{x}\right)^{3x} = e^{6t}$$

```
>>limit(1/x,x,0,'left')         ans=-Inf
```
$$\lim_{x \to 0^-} \frac{1}{x} = -\infty$$

```
>>limit(1/x,x,0,'right')        ans=Inf
```
$$\lim_{x \to 0^+} \frac{1}{x} = +\infty$$

```
>>limit((sin(x+h)-sin(x))/h,h,0)  ans=cos(x)
```
$$\lim_{h \to 0} \frac{\sin(x+h) - \sin x}{h} = \cos x$$

```
>>v=[(1+a/x)^x,exp(-x)];
>>limit(v,x,inf,'left')   ans=[exp(a),0]
```
$$\lim_{x \to \infty} \left(1 + \frac{a}{x}\right)^x = e^a, \lim_{x \to -\infty} e^{-x} = 0$$

(2)级数求和 symsum。
symsums(s):对缺省的 s(级数数列的通项)从 0 到 s 求级数的和;
symsum(s,v):对变量 v 求 s(级数数列的通项)的级数和;
symsum(s,a,b):对变量 v 从 a 到 b 求 s(级数数列的通项)的级数和。

示例:
```
>>syms n k
>>symsum(k)             ans =k^2/2 - k/2
```
$$\sum_{n=0}^{k} n = \frac{k^2}{2} - \frac{k}{2}$$

```
>>symsum(k,0,n-1)       ans =(n*(n-1))/2
```
$$\sum_{k=0}^{n-1} k = \frac{n(n-1)}{2}$$

```
>>symsum(k,0,n)         ans =(n*(n+1))/2
```
$$\sum_{k=0}^{n} k = \frac{n(n+1)}{2}$$

```
>>symsum(k^2,0,n)       ans =(n*(2*n+1)*(n+1))/6
```
$$\sum_{k=0}^{n} k^2 = \frac{n^3}{3} + \frac{n^2}{2} + \frac{n}{6}$$

```
>>symsum(k^2,0,10)      ans =385
```
$$\sum_{k=0}^{10} k^2 = 385$$

```
>>symsum(k^2,11,10)     ans =0
```
$$\sum_{k=11}^{10} k^2 = 0$$

(3)画散点图 scatter。
scatter(X,Y,S,C):X,Y,是散点的横坐标和纵坐标向量,X,Y 的维数必须相同;S 表示点的大小尺寸,S 是一个数,则表示所有散点的大小相同,若 S 是一个向量(S 的维数必须和 X 的维数相同),则表示每个点的大小;C 是一个 3 维行向量,表示点的颜色。
scatter(X,Y):用缺省的大小和颜色画点。

scatter(X,Y,S):用缺省的颜色画点。
scatter(⋯,markertype):用特定的形状画点。
scatter(⋯,′filled′):点是实心的。

3.欧拉常数的计算

因无穷级数 $\sum_{k=1}^{n} \frac{1}{k}$ 是发散的,不能用 symsum 命令直接计算,由欧拉常数的定义,可知也无法直接使用命令 limit 计算,此时可以采用递归或迭代的方式实现上述过程,具体程序代码如下:

```
% sk1:欧拉常数的阶段计算结果;
% epsilon:计算精度;
% sk_p:调和级数分段计算的结果,调和级数分段计算的长度;
% n1+1:分段计算调和级数的起始位置;
% n1+n2:分段计算调和级数的终止位置;
% x:记录计算欧拉常数的项数,
% y:对应的欧拉常数;
% 算法程序:
sk1=1.0; epsilon=0.00001; n1=1; n2=5; sk_p=1.0;
                                      % 精度<0.00001,分段长度为5
format long                           % 强制定长型小数格式
x=[1];                                % 第一项
y=[sk1];                              % n=1 时,欧拉常数的值
while abs(sk_p)>epsilon               % 如果两次计算的结果的差大于要求精度
    sk_p=0.0;                         % 计算分段计算的结果
    for n=n1+1:n1+n2
    sk_p= sk_p+ 1.0/n;
    end
    sk_p=sk_p−log(1+n2/n1);           % 分段计算的结果
    sk1= sk1 +sk_p;                   % n=n1+n2 时的欧拉常数计算结果
    n1 = n1+n2;
    x=[x,n1];                         % 记录计算常数时的 n
    y=[y,sk1];                        % 记录计算 n 时的欧拉常数的临时值
end
scatter(x,y,3,[0.5,0,0],′filled′);    % 画计算过程中的欧拉常数散点
axis([0,n1,0,1.2]);                   % 规定坐标轴的刻度范围
str_oula = num2str(sk1,′欧拉常数:%10.8f′);   % 在图上输出欧拉常数的值
text(n1/2,0.7,str_oula)
```

算法运行结果如图 5.1 所示。

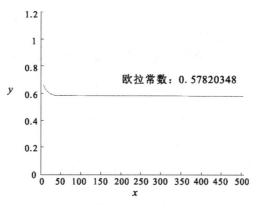

图 5.1 欧拉常数散点图

实验练习

1.某银行有甲、乙两种理财产品,甲产品年利率为 4%,乙产品月利率为 0.3%,两种产品到期可以直接将利息转化为本金。某人有 10 万元存款,欲投资 5 年,试问应该购买哪种理财产品收益更好。

2.判断 p-级数 $\sum_{n=1}^{\infty}\dfrac{1}{n^p}$ $(p>0)$ 的敛散性。(提示:可以考虑用不同的 p 值计算和作图进行研究,如取 $p=1,2,3,\cdots$。)

3.利用 $f(1+x)=x-\dfrac{x^2}{2}+\dfrac{x^3}{3}-\dfrac{x^4}{4}+\cdots+(-1)^{n-1}\dfrac{x^n}{n}+\cdots$,试计算 $f(1.5),f(2)$ 和 $f(4)$ 的值。

实验拓展

1.计算 $1+\sum_{n=1}^{\infty}\dfrac{1}{n!}$,并画出计算过程的散点图。

2.画出级数 $f(x)=\dfrac{4}{\pi}\sum_{n=1}^{k}\dfrac{1}{2n-1}\sin(2n-1)x$ $(-\pi\leqslant x\leqslant\pi)$ 在 $k=10,100,1000$ 时的图形,并估计出 $k\to\infty$ 时的函数表达式。

实验6 非线性方程的数值法求根

实验目的

1. 熟悉迭代法和数值逼近的方法；
2. 会用二分法、牛顿法、割线法求解非线性方程的数值解；
3. 了解牛顿法、割线法的收敛性和稳定性；
4. 了解用循环或递归实现精度控制的方法。

实验背景

函数极值、目标相遇、曲线相交、曲线和曲面相交、方案优化、最优控制等问题求解中都会遇到非线性方程或非线性方程组的求解问题。二次方程的求解问题历史久远，古巴比伦、古希腊和古中国等国均有某些特殊二次方程的求解方法的记载。例如9世纪的阿拉伯数学家阿尔·花拉子模给出了一元二次方程的一般解法。到了1732年，瑞士数学家欧拉给出了一元三次方程的三个根的完整表达式，而一元四次方程的求根公式则由费拉里得到。18世纪以后，数学家们将注意力转向五次及五次以上的方程根式解，经过两个多世纪的努力，在欧拉、范德蒙、拉格朗日等人研究的基础上，19世纪上半叶阿贝尔和伽罗瓦几乎同时证明了五次及五次以上的代数方程无法求出解析解。这就意味着一般的五次方程得不到精确解，同样的其他非线性方程 $f(x)=0$ 的解通常也不能用解析式表示。求解非线性方程的根是科学技术研究和工程实践中的常见问题，然而求这些方程的解析解（精确解），尚无一般的方法可用，因而求出满足一定精度要求的近似解是一种可行的方法。

本实验是通过设计方程 $f(x)=0$ 根的近似解算法（或者称为数值解算法），进一步理解极限、导数、零点定理、中值定理和无穷小的内涵及意义，分析迭代近似求根方法的适用条件、算法效率以及提高效率和精度的可能途径。

实验内容

迭代是数值逼近的常用形式，对于一般方程 $f(x)=0$ 在区间 $[a,b]$ 上满足 $f(a)f(b)<0$，且在 (a,b) 内可导，设计一个快速和稳定的迭代算法

$$x_{i+1}=\varphi(x_i), \quad i=0,1,2,\cdots$$

得到一个序列 $\{x_0,x_1,x_2,\cdots\}$，且 $\lim_{n\to\infty}x_n=x^*$，$f(x^*)=0$。

实验指导

1. 用 MATLAB 命令求解方程的根

MATLAB 提供3个求函数零点的命令 roots、fzero 和 fsolve。

(1) 多项式求根命令 roots。

对于多项式方程：$p_1x^n+p_2x^{n-1}+\cdots+p_nx+p_{n+1}=0$，记 $\boldsymbol{P}$ 为多项式系数组成的向量
$$\boldsymbol{P}=[p_1,p_2,\cdots,p_{n+1}]$$

则调用命令格式为

r=roots(P)：返回方程的 n 个根。

(2) 方程求根命令 fzero，调用格式为

f=inline('函数表达式')

x=fzero(f,x0)：求解函数 f 在 x0 附近的零点；

x=fzreo(f,[a,b])：求解函数 f 在区间 $[a,b]$ 内的零点。

(3) 方程求根命令 fsolve，调用格式为

x=fsolve(fun,x0)：求解函数 fun 在点 x0 附近的零点。

例 6.1 求下列方程的根：

(1) $x^5+2x^3-4x^2+1=0$； (2) $xe^x-\sin x=1$。

解 (1) 用 roots 命令，其代码为

\>\> P=[1,0,2,-4,0,1];

\>\> roots(P)

ans =

　　$-0.5942 + 1.7765i$

　　$-0.5942 - 1.7765i$

　　$1.0000 + 0.0000i$

　　$0.6363 + 0.0000i$

　　$-0.4479 + 0.0000i$

该方程是五次代数方程，有五个根，roots 命令给出了所有的根。也可以用命令 fzero 来求解方程根，代码如下：

\>\> f=inline('x^5+2*x^3-4*x^2+1');

\>\> x=fzero(f,[-2,2])

x = -0.4479

\>\> x=fzero(f,0.9)

x =   1

\>\> x=fzero(f,0.6)

x =   0.6363

\>\> x=fzero(f,-0.5)

x = -0.4479

可以看出，在区间 $[-2,2]$ 上返回的根为 x = -0.4479，随即也给出命令，求出解在 0.9，0.6 和 -0.5 附近的近似解，因此命令 fzero(f,x0) 更为常用，但是必须事先知道零点附近的点 x0。

(2) 用 fzero 命令，如何确定 x0 呢？可通过画图观察，代码如下：

\>\> f=inline('x*exp(x)-sin(x)-1');

\>\> ezplot(f,[0,1])

```
>> grid on
```
可得到图形如图 6.1 所示,可见在 0.8 附近有一个根,于是选择 x0＝0.8,运行
```
>> x=fzero(f,0.8)
x =     0.7805
```

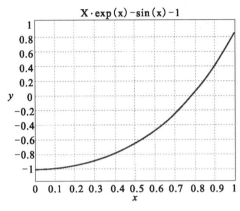

图 6.1 函数图形

2.二分法求解方程的根

二分法求解方程的依据是零点定理,基本思想是不断压缩方程的根所在区间,直到根的近似值满足精度要求为止。假设函数 $f(x)$ 在 $[a,b]$ 上连续,$f(a) \cdot f(b) < 0$,ε 为方程解的要求精度,则计算过程如下:

令 $c = \dfrac{a+b}{2}$,若 $f(c)=0$,则 $x=c$,结束;如果 $f(a) \cdot f(c) < 0$,则 $b=c$,否则 $a=c$;重复上述计算直到 $|a-b| < \varepsilon$,$x=c$。

二分法每一次计算根所在区间长度都会缩短一半,n 次后,误差为 $e = \dfrac{|b-a|}{2^n}$。二分法可以成功计算出满足精度要求的方程根。二分法求解方程根的程序如下:

```
function [x e] = mybisect(f,a,b,n)
% function [x e] = mybisect(f,a,b,n),
% 对函数 f 进行 n 次二分
% 输入:f——一个行函数
%      a,b——区间的左右端点
%      n——迭代的次数
% 输出:x——方程 f(x) = 0 的近似解
%      e——精度上限
format long
format compact
c = f(a); d = f(b);
if c * d > 0.0
    error('函数在区间端点有相同的符号。')
```

```
        end
    for i = 1:n
        x = (a + b)/2
        y = f(x)
        if c*y < 0       % 比较 f(a)和 f(x)的符号
            b=x;         % 移动 b
        else
            a=x;         % 移动 a
        end
    end
    e = (b-a)/2;         % 误差(精度)
```

二分法虽然能够成功解决非线性方程的求根问题,但收敛速度较慢,而且只能求实根。

3. 牛顿法求解方程的根

牛顿法是用函数 $f(x)$ 在 $x=x_0$ 处的线性函数代替函数 $f(x)$ 进行求根,即

$$f(x) \approx f(x_0) + f'(x_0)(x - x_0)$$

令上述近似式的右侧为零,解方程得

$$x \approx x_0 - \frac{f(x_0)}{f'(x_0)}$$

从初始点 x_0(方程 $f(x)=0$ 的零点 x^* 的临近点)开始,由下式计算 x_1,然后代入 x_1 计算 $x_2,\cdots$,最终得到序列 $\{x_0, x_1, x_2, \cdots\}$

$$x_{i+1} = x_i - \frac{f(x_i)}{f'(x_i)}, \quad i = 0, 1, 2, \cdots$$

若函数 $f(x)$ 在 x^* 具有良好的性能,且 x_0 与 x^* 足够近,则牛顿法收敛速度较快。牛顿法求解方程根的程序如下:

```
function x = mynewton(f,f1,x0,n)
    format long              % prints more digits
    format compact           % makes the output more compact
    % 以初始点 x0 用 n 步牛顿法求解方程 f(x) = 0 的根
    % 输入: f——求解方程的函数(用行定义)
    %       f1——f 的导数(用行定义)
    %       x0——常数,初始点
    %       n——迭代的步数
    % 输出: x——近似解
    x = x0;                  % 设置初始解为解
    for i = 1:n              % n 次迭代
        x = x - f(x)/f1(x)   % 牛顿法
    end
```

采用牛顿法进行计算时,需要定义函数 $f(x)$ 及其一阶导函数 $f'(x)$。对于比较简单的函数,MATLAB 提供了一阶导数的符号计算,但是工程实践中许多函数比较复杂,其一阶导数

的计算还没有成熟的算法,为了减少迭代过程的计算量和避免计算导数,用割线的斜率代替切线的斜率,这就是割线法求方程的根的思想。

4. 割线法求解方程的根

用割线代替切线来近似方程,以 x_0, x_1 为两个初始点,建立近似方程为

$$f(x) \approx f(x_1) + \frac{f(x_1) - f(x_0)}{x_1 - x_0}(x - x_1)$$

令上式右侧等于 0,得

$$x = x_1 - \frac{x_1 - x_0}{f(x_1) - f(x_0)} f(x_1)$$

代入 x_0、x_1 计算 x_2,代入 x_1、x_2 计算 x_3,…,得到序列 $\{x_0, x_1, x_2, \cdots\}$,迭代公式为

$$x_{i+1} = x_i - \frac{x_i - x_{i-1}}{f(x_i) - f(x_{i-1})} f(x_i), \quad i = 1, 2, 3, \cdots$$

割线法求解方程根的程序如下:

```
function x = mysecant(f,x0,x1,n)
% 从两个初始点 x0, x1 开始重复 n 次割线法求解方程 f(x) = 0
% 输入:f——方程函数,采用行或预先定义
%       x0——初始点一
%       x1——初始点二
%       n——迭代次数
% 输出:x——近似解
y0 = f(x0);
y1 = f(x1);
for i = 1:n
    x = x1 - (x1-x0)*y1/(y1-y0)     % 割线公式
    y = f(x)                          % 新近似解处的函数值
% 设置新的计算结点
    x0 = x1;
    y0 = y1;
    x1 = x;
    y1 = y;
end
```

5. 牛顿法的收敛性和稳定性

用牛顿法求非线性方程 $f(x)=0$ 的数值解时一般收敛比较快,但是当函数 $f(x)$ 在精确解 x^* 处的导数为无穷大时即 $f'(x^*) = \infty$ 时,牛顿法得到的数列就会发散。如求方程

$$f(x) = x^{1/3} = 0$$

在 0.1 附近的根,由 $f'(x) = \frac{1}{3} x^{-\frac{2}{3}}$,显然 $f'(0) = \infty$。在命令行键入如下程序:

```
>> f = inline('x^(1/3)')
>> f1 = inline('(1/3)*x^(-2/3)')
```

```
>> x =mynewton(f,f1,0.1,10)
```
则 x 会不收敛。

若 $f'(x^*)=0$,则牛顿法得到的数列就收敛得非常慢。如
$$f(x)=x^2=0$$
因 $f'(x)=2x$, $f'(0)=0$,在命令行键入下列程序:
```
>> f = inline('x^2')
>> f1 = inline('2*x')
>> x =mynewton(f,f1,1,10)
```
则会发现 x 会收敛于 0,但收敛得非常慢。上述牛顿法的程序中,没有对迭代求得的数值解是否满足精度要求进行判断,下面给出一种判断所求数值解是否满足精度要求的程序。
```
function x = mynewton02(f,f1,x0,n,tol)
% 以初始点 x0 用 n 步牛顿法求解方程 f(x) = 0 的根
% 输入:f——求解方程的函数(用行定义)
%      f1——f 的导数(用行定义)
%      x0——常数,初始点
%      n——迭代的步数
%      tol——要求的精度,如果 |f(x)|>tol,输出警告信息
% 输出:x——近似解
x = x0;                    % 设置初始点
for i = 1:n                % n 次迭代
   x = x - f(x)./f1(x);    % 牛顿公式
end
r = abs(f(x));
if r >tol
   warning('没有达到要求精度')
end
```
求出满足要求精度的近似解的程序:
```
function x =mynewtontol(f,f1,x0,tol)
% 以初始点 x0 用牛顿法求解方程 f(x) = 0 的根
% 输入:f——求解方程的函数(用行定义)
%      f1——f 的导数(用行定义)
%      x0——常数,初始点
%      n——迭代的步数
%      tol——要求的精度,重复迭代直到|x|<tol。
% 输出:x——近似解
format long
format compact
x = x0;                    % 设置初始点
y = f(x);
```

```
    while  abs(y) > tol    %重复迭代直到满足精度要求
        x = x - y/f1(x)    %牛顿公式
        y = f(x);
    end
```

实验练习

1. 分别用 fzero、roots 命令以二分法、牛顿法、割线法求下列代数方程的根,误差不超过 0.001。

(1) $x^3-3x^2+6x-1=0$, x 在 $(0,1)$ 内;

(2) $x^5+x-1=0$, x 在 $(-1,0)$ 内。

2. 用牛顿法和割线法求解下列方程的所有根,精确到 0.000001。

(1) $3\cos x = x+1$;

(2) $\sqrt{x+1} = x^2-x$。

要求用数表列出最后 10 次迭代的步数和迭代的数值解。

实验拓展

1. 分析实验指导中给出的两个函数 mynewton02 和 mynewtontol 的计算性能,设计一个计算速度快、稳定性好的求解非线性方程数值解的算法。

2. 体会迭代的思想,试分析迭代算法收敛的条件、几何意义、误差估计方法。

3. 分析牛顿法的收敛条件,比较牛顿法和割线法的优劣。

4. 如何比较算法收敛的快慢?试分析影响算法效率的因素。

实验 7 泰勒级数与多项式逼近

实验目的

1. 理解函数的多项式逼近,熟悉函数的泰勒(Taylor)级数展开;
2. 掌握 MATLAB 进行函数泰勒展开的命令和使用方法;
3. 从数值、图形和解析表达式三个方面理解泰勒公式的余项的意义;
4. 理解泰勒展开式中 x_0 和 n 的含义及对计算误差的影响;
5. 了解计算精度和算法的收敛性等概念。

实验背景

在社会生产、科学研究和军事应用中,常常需要计算给定自变量的函数值。多项式函数、有理分式函数,用四则运算可以求得函数值,但更多的函数,例如无理函数、三角函数、反三角函数、指数函数和对数函数,以及表达式更为复杂的函数等,其函数值的计算就比较困难。历史上,为了编制这些函数的函数值表,数学家花费了大量的时间和精力。16 世纪初,航海业的发展,使得定位定向技术越来越普及,为了测定准确的航向角,需要快速准确计算三角函数值,当时计算工具只能进行四则运算,如何计算出满足航海、天文、测量等实践活动需要的函数值,就成为当时的数学家特别是计算数学家迫切需要研究解决的问题。计算机技术的发展,使得我们具有了计算这些函数值的标准程序,只需要调用这些标准程序就可以得到所需精度的函数值,而计算机的处理器只能进行二进制的四则运算。那么这些程序是基于什么样的数学原理设计的?随着信息技术的发展,越来越复杂的函数也需要快速准确的计算,因此,函数的满足精度的数值计算仍然是计算数学研究的重要问题。无穷项级数的理论,为函数提供了一种重要表达形式,同时也为函数值的逼近提供了一种计算思路。

实验内容

多项式函数是比较容易计算的函数,是否存在满足精度要求的多项式函数 $P_n(x)$ 来代替强可导函数 $f(x)$? 如果存在这样一种近似,如何得到这个多项式函数 $P_n(x)$,用 $P_n(x)$ 代替 $f(x)$ 所产生的误差 $R_n(x)$ 是如何变化的,怎么表示? 多项式函数的最高幂 n 对 $R_n(x)$ 的影响如何? 是不是 $f(x)$ 定义域中的任意点 x 的函数值都可以用 $P_n(x)$ 的值来代替?

实验指导

1. 多项式函数的特性分析

若 $F(x)$ 是 n 次多项式,则 $F^{(n+1)}(x)=0$。假设 $F(x)=x^5-2x^4+3x^3+x^2-4x+1$,把 $F(x)$ 写成 $\sum_{k=0}^{5} a_k (x-1)^k$ 的形式,即

$$F(x)=a_0+a_1(x-1)+a_2(x-1)^2+a_3(x-1)^3+a_4(x-1)^4+a_5(x-1)^5$$

显然：$F(1)=a_0$，$F'(1)=a_1$，$F''(1)=\dfrac{a_2}{2!}$，$F'''(1)=\dfrac{a_3}{3!}$，$F^{(4)}(1)=\dfrac{a_4}{4!}$，$F^{(5)}(1)=\dfrac{a_5}{5!}$，故

$$F(x)=F(1)+F'(1)(x-1)+\frac{F''(1)}{2!}(x-1)^2+\frac{F'''(1)}{3!}(x-1)^3+\frac{F^{(4)}(1)}{4!}(x-1)^4+\frac{F^{(5)}(1)}{5!}(x-1)^5$$

2. 泰勒公式导出

函数 $f(x)$ 在 $x=a$ 处的切线 $L(x)$ 在该点与函数 $f(x)$ 具有相同函数值和相同的变化率，可选取线性函数来近似，为了更好地逼近函数 $f(x)$，可以使用抛物线

$$P_2(x)=A+B(x-a)+C(x-a)^2$$

来代替线性函数 $L(x)$ 满足函数 $f(x)$ 的二次逼近，于是，

$$P_2(a)=A=f(a); P_2'(a)=B=f'(a), P_2''(a)=2C=f''(a)$$

则：

$$P_2(x)=f(a)+f'(a)(x-a)+\frac{f''(a)}{2!}(x-a)^2$$

其误差为

$$R_2(x)=f(x)-P_2(x)=\frac{f'''(\xi)}{3!}(x-a)^3, \xi 在 x 与 a 之间$$

类似地，在 $x=a$ 处的三次逼近函数和误差函数分别为

$$P_3(x)=f(a)+f'(a)(x-a)+\frac{f''(a)}{2!}(x-a)^2+\frac{f'''(a)}{3!}(x-a)^3$$

$$R_3(x)=f(x)-P_3(x)=\frac{f^{(4)}(\xi)}{4!}(x-a)^4, \xi 在 x 与 a 之间$$

例 7.1 已知函数 $f(x)=\sin x$ 在 $x=0$ 处的切线为 $y=x$，该函数的 k 阶导数为

$$f^{(k)}(x)=\sin\left(x+\frac{k}{2}\pi\right)$$

则函数在 $x=0$ 处的三次逼近函数为

$$P_3(x)=x-\frac{x^3}{3!}$$

五次函数逼近为

$$P_5(x)=x-\frac{x^3}{3!}+\frac{x^5}{5!}$$

分别计算出逼近函数在 $x=0, \pm 0.2, \pm 0.4, \cdots, \pm 4$ 处的值 $P_3(x)$ 和 $P_5(x)$ 以及 $\sin x$ 在相应处的函数值，在同一窗口画出它们的图形，如图 7.1 所示，程序代码如下：

```
x=-4:0.2:4;
P=sin(x)
P3=x-x.^3/6
P5=x-x.^3/6+x.^5/125
```

```
plot(x,sin(x))
hold on
grid on
plot(x,P3,'*r')
plot(x,P5,'ok')
hold off
legend('y=sin(x)','3 阶逼近','5 阶逼近')
```

3.MATLAB 中的泰勒级数命令 taylor

taylor(f):展开 f 的 5 阶麦克劳林(Maclaurin)级数;

taylor(f,n):展开 f 的(n-1)阶麦克劳林级数;

taylor(f,a):在 a 点展开 f 的 5 阶泰勒级数;

taylor(f,x):把 f 按独立变量 x 展开成泰勒级数。

例 7.2 用 taylor 命令观察函数 $y=e^x$ 展开成麦克劳林级数的前几项,并在同一坐标系里作出函数 $y=e^x$ 和其泰勒展开式的前几项构成的多项式函数的图形,并研究这些多项式函数逼近情况。

解 观察前 10 项,其代码如下:

```
syms x
taylor(exp(x),x,0,'Order',1);    taylor(exp(x),x,0,'Order',2)
taylor(exp(x),x,0,'Order',3);    taylor(exp(x),x,0,'Order',4)
taylor(exp(x),x,0,'Order',5);    taylor(exp(x),x,0,'Order',6)
taylor(exp(x),x,0,'Order',7);    taylor(exp(x),x,0,'Order',8)
taylor(exp(x),x,0,'Order',9);    taylor(exp(x),x,0,'Order',10)
```

运行结果如下:

ans = 1

ans = x + 1

ans = x^2/2 + x + 1

ans = x^3/6 + x^2/2 + x + 1

ans = x^4/24 + x^3/6 + x^2/2 + x + 1

ans = x^5/120 + x^4/24 + x^3/6 + x^2/2 + x + 1

ans = x^6/720 + x^5/120 + x^4/24 + x^3/6 + x^2/2 + x + 1

ans = x^7/5040 + x^6/720 + x^5/120 + x^4/24 + x^3/6 + x^2/2 + x + 1

ans = x^8/40320 + x^7/5040 + x^6/720 + x^5/120 + x^4/24 + x^3/6 + x^2/2 + x + 1

ans = x^9/362880 + x^8/40320 + x^7/5040 + x^6/720 + x^5/120 + x^4/24 + x^3/6 + x^2/2 + x + 1

作函数 $y=e^x$ 及其 1 次、3 次、5 次和 9 次泰勒级数图形,MATLAB 代码如下:

```
function ex2
clc;
```

```
x=-2:0.1:2;
y=exp(x);
plot(x,y,'k','linewidth',2)
hold on        %保持图形窗口打开,后续曲线将画在同一窗口
grid on
for i=1:length(x)
   y(i)=1+x(i);
   plot(x(i),y(i),'.-g'),pause(0.005)    %描点时有0.005秒的停顿
end
for i=1:length(x)
   y(i)=x(i)^3/6 + x(i)^2/2 + x(i) + 1;
   plot(x(i),y(i),'.b'),pause(0.005)
end
for i=1:length(x)
   y(i)=x(i)^7/5040 + x(i)^6/720 + x(i)^5/120 + x(i)^4/24 + x(i)^3/6 + x(i)^2/2 + x(i) + 1;
   plot(x(i),y(i),'or'),pause(0.005)
end
legend ('y=exp(x)','1 阶逼近','3 阶逼近','5 阶逼近')
hold off       %图形窗口关闭
```

从图 7.1 可以看到,n 越大,泰勒级数逼近 $y=e^x$ 的程度越好;$|x|$ 越小,逼近程度也越好。

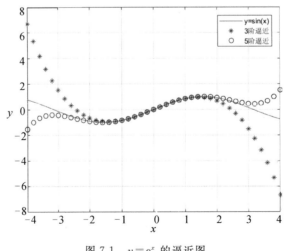

图 7.1 $y=e^x$ 的逼近图

在 MATLAB 中有一个级数逼近界面,在命令窗口输入"taylortool",输入各类函数的相关参数即可实现相应级数的逼近情况,如图 7.2 所示。

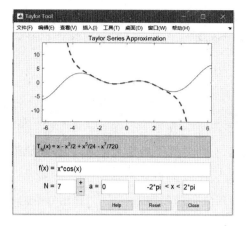

图 7.2 Taylor Tool 界面

例 7.3 基本初等函数的泰勒展开,程序代码如下:

```
syms t
taylor(exp(-x))
    ans = - x^5/120 + x^4/24 - x^3/6 + x^2/2 - x + 1
```

表示的是函数 e^{-x} 的 5 阶麦克劳林级数:

$$e^{-x} \approx 1 - x + \frac{x^2}{2} - \frac{x^3}{6} + \frac{x^4}{24} - \frac{x^5}{120}$$

```
taylor(log(x),x,1,'Order',6)
    ans = x - (x - 1)^2/2 + (x - 1)^3/3 - (x - 1)^4/4 + (x - 1)^5/5 - 1
```

表示的是函数 $\ln x$ 在 $x=1$ 处的 5 阶泰勒级数:

$$\ln x \approx (x-1) - \frac{(x-1)^2}{2} + \frac{(x-1)^3}{3} - \frac{(x-1)^4}{4} + \frac{(x-1)^5}{5}$$

```
taylor(sin(x),x,pi/2,'Order',6)
    ans = (x - pi/2)^4/24 - (x - pi/2)^2/2 + 1
```

表示的是函数 $\sin x$ 在 $x=\frac{\pi}{2}$ 处的 5 阶泰勒级数:

$$\sin x \approx 1 - \frac{\left(x-\frac{\pi}{2}\right)^2}{2} + \frac{\left(x-\frac{\pi}{2}\right)^4}{24}$$

```
taylor(x^t,t,'Order',3)
    ans = (t^2 * log(x)^2)/2 + t * log(x) + 1
```

表示的是函数 x^t 对于 t 展开成 2 阶麦克劳林级数:

$$x^t \approx 1 + t\ln x + \frac{\ln^2 x}{2}t^2$$

实验练习

1. 利用 $\arctan x = x - \frac{x^3}{3} + \frac{x^5}{5} - \frac{x^7}{7} + \cdots + (-1)^{n+1}\frac{x^{2n-1}}{2n-1} + \cdots$,计算 π(提示:$\frac{4}{\pi} = \arctan 1$),并

画出计算过程的散点图。

2.利用 $e^x = 1 + x + \frac{1}{2}x^2 + \frac{1}{3!}x^3 + \cdots + \frac{1}{n!}x^n + \cdots$，计算 e，并画出 e 随 n 变化的散点图。

实验拓展

1.利用 $\ln(1+x) = x - \frac{x^2}{2} + \frac{x^3}{3} - \frac{x^4}{4} + \cdots + (-1)^{n-1}\frac{x^n}{n} + \cdots$，试计算 ln1.5,ln2 和 ln10 的值，并画出计算过程的散点图，分析计算结果是否正确，并说明原因。

2.设计一个对任意 $x > 0$，计算 $\ln x$ 的方法。

（提示：利用 $\ln(1+x)$ 和 $\ln(1-x)$ 得到 $\ln\left(\frac{1+x}{1-x}\right) = \ln(1+x) - \ln(1-x)$）

实验 8　傅里叶级数与函数逼近

实验目的

1. 理解周期函数的分解与合成,掌握波形的叠加原理;
2. 掌握利用 MATLAB 命令进行级数运算的方法并提高实验技能;
3. 通过图形直观展示函数逼近过程,欣赏数学美。

实验背景

18 世纪三角级数已经广泛应用于天文学理论的研究。当时的数学家已经认为对于稍微复杂的代数函数和超越函数,只有把它们展开成无穷级数并进行逐项微分或积分,才能处理它们。早在 1729 年,瑞士数学家欧拉研究插值问题时,开始使用三角级数研究行星扰动理论,确定行星实际位于观测到的位置之间的位置。1757 年法国数学家克莱罗在研究太阳引起的摄动时宣称,可将任何一个函数写成余弦级数的形式。1822 年,法国数学家傅里叶(Fourier)发表了著作《热的解析理论》,书中导出了热传导方程,得出在不同边界条件下的积分法,在此基础上,阐述并列举了相当一类函数(连续的或不连续)能展开成形如

$$f(x) = \frac{a_0}{2} + \sum_{n=1}^{\infty}(a_n \cos nx + b_n \sin nx)$$

的三角级数,但没有给出明确的条件和完整的证明,上式也被称为傅里叶级数。

傅里叶级数是数学理论应用于物理学的典范,它把半个世纪前欧拉和伯努利有关弦振动方法研究工作中,曾就一些孤立的、特殊的情况所采用的三角级数做了加工处理,最后发展成为一般理论。这项工作的重大意义不仅推动了偏微分方程理论的发展,而且改变了数学家们对函数概念的一种传统的有局限的认识,动摇 18 世纪以来人们对所有的函数都是代数函数的繁衍的观念,标志着数学分析从解析函数或可展开为泰勒级数的函数圈子里解放出来。傅里叶级数的发展促进了对经典分析严密化、完备化的研究,与这一时期诞生的非欧几何和近世代数等,掀起了 19 世纪初数学发展的高潮。

因此,美国数学史家克莱因认为:"傅里叶的工作是 19 世纪的第一大步,并且是真正极为重要的一步。"傅里叶级数建立一百多年来,随着电力、电子、计算机技术的迅速发展,得到越来越广泛的应用。如电工学中非正弦周期波的分解问题,应用傅里叶级数将非正弦周期波分解为一个直流分量和一系列频率是非正弦周期函数频率整数倍的正弦波分量,即谐波分析。当然在实际利用傅里叶级数进行谐波分析时,一般只取接近基波分量的前几项,所取项数的多少,视所要求的计算精确度而定。傅里叶级数也是周期信号的另一种时域的表达方式,它是不同频率的波形的叠加。由于正弦信号在科学和许多工程领域中起着很重要的作用,因而傅里叶级数和变换方法也扩展到许多领域。例如,海浪是由不同波长的正弦波的线性组合构成,无线电台和电视台发射的信号都是正弦的,反映地球气候的周期性变化时也会引入正弦信号。

实验内容

1. 观察三角函数的叠加：给出几个基本三角函数，观察这些三角函数以及乘不同的常系数进行叠加后得到的函数图形的特征。

2. 观察叠加的三角函数的项数趋于无穷时的图形特征：

设 $f(x)$ 是以 2π 为周期的周期函数，它在 $[-\pi,\pi]$ 上的表达式为

$$f(x)=\begin{cases}-1 & -\pi\leqslant x<0 \\ 1, & 0\leqslant x<\pi\end{cases}$$

又设 $g(x)=\sum\limits_{k=1}^{n}\dfrac{\pi}{4}\dfrac{\sin(2k+1)\pi}{2k+1}$，分别取 $n=0,10,50,100$，比较两函数在 $[-\pi,\pi]$ 上的图形，并从程序演示的结果考察傅里叶级数是否满足狄利克雷(Dirichlet) 收敛定理。

3. 一般函数的傅里叶级数展开

将函数 $f(x)=1-x^2$，$0\leqslant x\leqslant 1$ 分别展开成周期为 1 和 2 的傅里叶级数，将其对应的傅里叶级数取前 5 项和前 50 项的部分和函数图形与函数 $f(x)$ 进行比较，并结合前面几个例子观察在函数的间断点附近的图形特征。

4. 比较傅里叶级数的两种展开形式

将 3 中的函数

$$f(x)=1-x^2, \quad 0\leqslant x\leqslant 1$$

分别展开成周期为 2 的正弦级数以及它的复数形式，再将计算结果相减并化简。

实验指导

1. 基础知识

1) 傅里叶级数的系数

设 $f(x)$ 是周期为 2π 的周期函数且能展开成三角级数：

$$f(x)=\dfrac{a_0}{2}+\sum\limits_{n=1}^{\infty}(a_n\cos nx+b_n\sin nx)$$

其中，系数 $a_0,a_1,b_1,\cdots$ 叫作函数 $f(x)$ 的傅里叶系数，计算公式如下：

$$\begin{cases}a_n=\dfrac{1}{\pi}\int_{-\pi}^{\pi}f(x)\cos nx\,\mathrm{d}x & (n=0,1,2,\cdots) \\ b_n=\dfrac{1}{\pi}\int_{-\pi}^{\pi}f(x)\sin nx\,\mathrm{d}x & (n=1,2,\cdots)\end{cases}$$

2) 傅里叶级数的收敛性

狄利克雷充分条件：设 $f(x)$ 是周期为 2π 的周期函数，若 $f(x)$ 满足

① 在一个周期内有连续或有限个第一类间断点；

② 在一个周期内至多有有限个极值点，

则函数 $f(x)$ 的傅里叶级数收敛，并且

$$\dfrac{a_0}{2}+\sum\limits_{n=1}^{\infty}(a_n\cos nx+b_n\sin nx)=\begin{cases}f(x), & x\text{ 为 }f(x)\text{ 的连续点} \\ \dfrac{1}{2}[f(x^+)+f(x^-)], & x\text{ 为 }f(x)\text{ 的间断点}\end{cases}$$

3) 奇函数、偶函数的傅里叶级数

周期为 2π 的奇函数 $f(x)$ 的傅里叶级数为正弦级数 $\sum_{n=1}^{\infty} b_n \sin nx$,其傅里叶系数为

$$\begin{cases} a_n = 0 & (n=0,1,2,\cdots) \\ b_n = \dfrac{2}{\pi}\displaystyle\int_0^{\pi} f(x)\sin nx \, \mathrm{d}x & (n=1,2,\cdots) \end{cases}$$

周期为 2π 的偶函数 $f(x)$ 的傅里叶级数为余弦级数 $\dfrac{a_0}{2} + \sum_{n=1}^{\infty} a_n \cos nx$,其傅里叶系数为

$$\begin{cases} a_n = \dfrac{2}{\pi}\displaystyle\int_0^{\pi} f(x)\cos nx \, \mathrm{d}x & (n=0,1,2,\cdots) \\ b_n = 0 & (n=1,2,\cdots) \end{cases}$$

4) 一般周期函数的傅里叶级数

设周期为 $2l$ 的周期函数 $f(x)$ 满足收敛条件,则在 $f(x)$ 的连续点处,其傅里叶级数为

$$f(x) = \frac{a_0}{2} + \sum_{n=1}^{\infty}\left(a_n \cos \frac{n\pi x}{l} + b_n \sin \frac{n\pi x}{l}\right)$$

其中

$$\begin{cases} a_n = \dfrac{1}{l}\displaystyle\int_{-l}^{l} f(x)\cos \dfrac{n\pi x}{l} \mathrm{d}x & (n=0,1,2,\cdots) \\ b_n = \dfrac{1}{l}\displaystyle\int_{-l}^{l} f(x)\sin \dfrac{n\pi x}{l} \mathrm{d}x & (n=1,2,\cdots) \end{cases}$$

5) 傅里叶级数的复数形式

由欧拉公式,傅里叶级数可以写成

$$f(x) = \frac{a_0}{2} + \sum_{n=1}^{\infty}\left[\frac{a_n}{2}(\mathrm{e}^{\mathrm{i}\frac{n\pi x}{l}} + \mathrm{e}^{-\mathrm{i}\frac{n\pi x}{l}}) + \frac{b_n}{2\mathrm{i}}(\mathrm{e}^{\mathrm{i}\frac{n\pi x}{l}} - \mathrm{e}^{-\mathrm{i}\frac{n\pi x}{l}})\right]$$

$$= \frac{a_0}{2} + \sum_{n=1}^{\infty}\left[\frac{a_n - \mathrm{i}b_n}{2}\mathrm{e}^{\mathrm{i}\frac{n\pi x}{l}} + \frac{a_n + \mathrm{i}b_n}{2}\mathrm{e}^{-\mathrm{i}\frac{n\pi x}{l}}\right]$$

记

$$c_0 = \frac{a_0}{2}, \quad c_n = \frac{a_n - \mathrm{i}b_n}{2}, \quad c_{-n} = \frac{a_n + \mathrm{i}b_n}{2} \quad (n=1,2,3,\cdots)$$

则傅里叶级数的复数形式为

$$\sum_{n=-\infty}^{\infty} c_n \mathrm{e}^{\mathrm{i}\frac{n\pi x}{l}}$$

2. MATLAB 的相关命令

MATLAB 软件中并未给出直接求解傅里叶系数与傅里叶级数的命令函数,可以根据基础知识编写程序,也可以自行编写一个函数求周期函数的傅里叶级数程序。

例 8.1 将 $f(x) = \cos(x/2)$ 在 $[-\pi, \pi]$ 上展开为傅里叶级数。

解 利用 MATLAB 中的积分命令 int 计算傅里叶系数,MATLAB 代码为

```
syms n  x
A0 = int (cos(x/2),-pi,pi)/pi
```

```
An = int (cos(x/2)*cos(n*x),-pi,pi)/pi
Bn = int (cos(x/2)*sin(n*x),-pi,pi)/pi
```
运行结果为
```
A0 = 4/pi
An = -(4*cos(pi*n))/(pi*(4*n^2-1))
Bn = 0
```
所以,得到函数的傅里叶级数为

$$\cos\frac{x}{2}=\frac{2}{\pi}+\frac{4}{\pi}\sum_{n=1}^{\infty}\frac{(-1)^{n-1}}{4n^2-1}\cos nx,\ x\in[-\pi,\pi]$$

例 8.2 设 $f(x)$ 是周期为 2π 的周期函数,它在 $[-\pi,\pi]$ 上的表达式为

$$f(x)=\begin{cases}-1,&-\pi\leqslant x<0\\1,&0\leqslant x<\pi\end{cases}$$

将 $f(x)$ 展开成傅里叶级数,并分别取展开式的前 1 项、2 项、3 项、20 项,观察其展开式的逼近效果。

解 因为该函数在定义域上是奇函数,则傅里叶系数为

$$a_n=0,\ n=0,1,2,\cdots$$

$$b_n=\frac{2}{\pi}\int_0^\pi\sin nx\,\mathrm{d}x=\begin{cases}\dfrac{4}{n\pi},&n=1,3,5,\cdots\\0,&n=2,4,6,\cdots\end{cases}$$

可得 $f(x)$ 的傅里叶级数为

$$f(x)=\frac{4}{\pi}\left[\sin x+\frac{1}{3}\sin 3x+\cdots+\frac{1}{2k-1}\sin(2k-1)+\cdots\right],\ x\neq 0$$

取展开式的前 1、2、3、20 项作图,MATLAB 代码如下:

```
clc,clear
x=-pi+0.01:0.01:pi-0.01;
for i=1:length(x)
    if x(i)<0
        y(i)=-1;
    else
        y(i)=1;
    end
end
f1=4*sin(x)/pi;
f2=4*(sin(x)+sin(3*x)/3)/pi;
f3=4*(sin(x)+sin(3*x)/3+sin(5*x)/5)/pi;
f4=f1;
for i=2:20
    f4=f4+4*sin((2*i-1)*x)/((2*i-1)*pi);
end
subplot(221)
```

```
plot(x,y,x,f1,'-.')
title 矩形波的正弦波逼近(前 1 项)
subplot(222)
plot(x,y,x,f2,'-.')
title 矩形波的正弦波逼近(前 2 项)
subplot(223)
plot(x,y,x,f3,'-.')
title 矩形波的正弦波逼近(前 3 项)
subplot(224)
plot(x,y,x,f4,'-.')
title 矩形波的正弦波逼近(前 20 项)
```

运行结果如图 8.1 所示,从图中看到,矩形波可以用一系列不同频率的正弦波的叠加来表示,且随着项数的增加,其合成图形逐渐趋向于矩形波,且在间断点 $x=0,\pm\pi$ 附近级数的收敛速度比较慢。

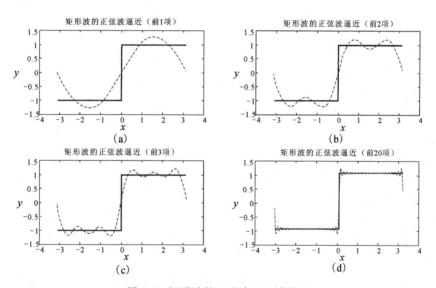

图 8.1 矩形波的正弦波逼近效果图

例 8.3 设函数 $f(x)=x$,讨论下面情况:

(1) 求 $f(x)$ 在 $[-\pi,\pi]$ 上的傅里叶级数前 10 项的展开式;

(2) 求 $f(x)$ 在 $[-3,3]$ 上的傅里叶级数前 5 项的展开式;

(3) 求 $f(x)$ 在 $[0,\pi]$ 和 $[0,3]$ 上的傅里叶级数前 5 项的展开式。

解 (1) 编写程序计算傅里叶系数文件 fouriercoef.m。MATLAB 代码如下:

```
function[ak,bk]=fouriercof(f,x,k,a,b)
% fouriercof.m              傅里叶系数的符号解
% 输入参数      f           待展开的函数
%              x           自变量
%              k           项数
```

```
%                  a,b           级数展开区间
% 输入参数           ak,bk         傅里叶系数
syms x
if nargin==3                      % nargin 表示输入函数的变量个数
  a=-pi;
  b=pi;                           % 设置默认展开区间
end
L=(b-a)/2;
ak= int(f*cos(k*pi*x/L),x,-L,L)/L;    % 计算系数 ak
bk= int(f*sin(k*pi*x/L),x,-L,L)/L;    % 计算系数 bk
```

(2) 编写计算函数傅里叶级数前 N 项的文件 fourier.m。MATLAB 代码如下：

```
function[A,B,F]=fourierN(f,x,n,a,b)
% fourierN.m                       傅里叶级数前 n 项的符号解
% 输出参数         A,B              傅里叶系数向量
%                 F                函数的傅里叶级数
if nargin==3
  a=-pi;b=pi;
end
L=(b-a)/2;
A=int(f,x,-L,L)/L;
B=[];
F=A/2;
for k=1:n
  [ak,bk]=fouriercof(f,x,k,a,b);
  A=[A,ak];B=[B,bk];              % 计算傅里叶系数向量
  F=F+ak*cos(k*pi*x/L)+bk*sin(k*pi*x/L);  % 计算傅里叶级数
end
```

(3) 计算 $f(x)$ 在 $[-\pi,\pi]$ 上的傅里叶级数的前 10 项，以及在 $[-3,3]$ 上傅里叶级数的前 5 项。因为 $f(x)$ 在 $[-\pi,\pi]$ 和 $[-3,3]$ 上都是奇函数，所以它们的傅里叶级数均为正弦级数。
MATLAB 命令窗口输入：

```
>> syms x
>> y=x
>> [A1,B1,F1]=fourierN(y,x,10,-pi,pi)
>> [A2,B2,F2]=fourierN(y,x,5,-3,3)
```

执行结果如下：

A1 = [0, 0, 0, 0, 0, 0, 0, 0, 0, 0, 0]
B1 = [2, -1, 2/3, -1/2, 2/5, -1/3, 2/7, -1/4, 2/9, -1/5]
F1 = (2*sin(3*x))/3 - sin(2*x) - sin(4*x)/2 + (2*sin(5*x))/5 - sin(6*x)/3 + (2*sin(7*x))/7 - sin(8*x)/4 + (2*sin(9*x))/9 - sin(10*x)/5 + 2*sin(x)

A2 = [0, 0, 0, 0, 0, 0]
B2 = [6/pi, −3/pi, 2/pi, −3/(2∗pi), 6/(5∗pi)]
F2 = (2∗sin(pi∗x))/pi + (6∗sin((pi∗x)/3))/pi − (3∗sin((2∗pi∗x)/3))/pi − (3∗sin((4∗pi∗x)/3))/(2∗pi) + (6∗sin((5∗pi∗x)/3))/(5∗pi)

(4) 编写计算函数正弦、余弦级数前 N 项的文件 fouriers.m。MATLAB 代码如下：

```
function[t,F]=fouriercs(f,x,n,a,b,s)
%fouriercs.m    正弦和余弦级数前n项的符号解
%               s 展开后级数的类型
%输出:t——展开后级数的类型
%     F——正弦或余弦级数
if nargin==3
  a=0;b=pi;
  s='s';           %设置默认展开为正弦级数
end
L=(b−a);
switch lower(s)
case{1,'sin','s'}
  t='展开为正弦级数';
  F=0;
  for k=1:n
    bk=2∗int(f∗sin(k∗pi∗x/L),x,0,L)/L;
    F=F+bk∗sin(k∗pi∗x/L);
  end
case{2,'cos','c'}
  t='展开为余弦级数';
  a0=2∗int(f,x,0,L)/L;
  F=a0/2;
  for k=1:n
    ak=2∗int(f∗cos(k∗pi∗x/L),x,0,L)/L;
    F=F+ak∗cos(k∗pi∗x/L);
  end
otherwise
  err('param is wrong')
end
```

计算 $f(x)$ 在 $[0,\pi]$ 和 $[0,3]$ 上的傅里叶级数的前 5 项。MATLAB 代码如下：

```
>>syms x
>> y=x;
>> [t1,F1]=fouriercs(y,x,5,0,pi,'c')
>> [t2,F2]=fouriercs(y,x,5,0,5,'cos')
```

执行结果如下：

t1 = '展开为余弦级数'

F1 = pi/2 − (4*cos(3*x))/(9*pi) − (4*cos(5*x))/(25*pi) − (4*cos(x))/pi

t2 = '展开为余弦级数'

F2 = 5/2 − (20*cos((pi*x)/5))/pi^2 − (20*cos((3*pi*x)/5))/(9*pi^2) − (4*cos(pi*x))/(5*pi^2)

例 8.4 设 $f(x)$ 是周期为 2 的周期函数，它在一个周期内的表达式为

$$f(x)=\begin{cases}-x, & -1\leqslant x<0\\ 1, & 0\leqslant x<1\end{cases}$$

求它的傅里叶级数的前 10 项，并作出级数部分和函数的图形。

解 因为 $f(x)$ 是分段函数，我们采用规则定义的方式定义分段函数。MATLAB 命令窗口输入

x=−1:0.01:1;
y=(−x).*(x>=−1 & x<0)+1.*(x>=0 & x<1);
plot(x,y,'r','linewidth',2)
grid on

得到的图形，如图 8.2 所示。

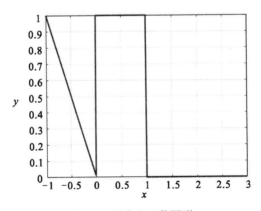

图 8.2 部分和函数图形

下面计算傅里叶级数展开式的前 10 项。其代码如下：

syms x
a0=int(−x,x,−1,0)+int(1,x,0,1);
F=a0/2;
for k=1:10
    ak=int(−x*cos(k*pi*x),x,−1,0)+ int(cos(k*pi*x),x,0,1);
    bk=int(−x*sin(k*pi*x),x,−1,0)+ int(sin(k*pi*x),x,0,1);
    F=F+ak*cos(k*pi*x)+ bk*sin(k*pi*x);
end
F

执行结果如下：

F = sin(pi*x)/pi − (2*cos(3*pi*x))/(9*pi^2) − (2*cos(5*pi*x))/(25*pi^2) − (2*cos(7*pi*x))/(49*pi^2) − (2*cos(9*pi*x))/(81*pi^2) − (2*cos(pi*x))/pi^2 + sin(2*pi*x)/(2*pi) + sin(3*pi*x)/(3*pi) + sin(4*pi*x)/(4*pi) + sin(5*pi*x)/(5*pi) + sin(6*pi*x)/(6*pi) + sin(7*pi*x)/(7*pi) + sin(8*pi*x)/(8*pi) + sin(9*pi*x)/(9*pi) + sin(10*pi*x)/(10*pi) + 3/4

计算相应点的值,在 MATLAB 命令窗口输入：

```
>> x=-1:0.01:3;
>> F= sin(pi*x)/pi − (2*cos(3*pi*x))/(9*pi^2) − (2*cos(5*pi*x))/(25*pi^2) −(2*cos(7*pi*x))/(49*pi^2) − (2*cos(9*pi*x))/(81*pi^2) − (2*cos(pi*x))/pi^2 + sin(2*pi*x)/(2*pi) + sin(3*pi*x)/(3*pi) + sin(4*pi*x)/(4*pi) + sin(5*pi*x)/(5*pi) + sin(6*pi*x)/(6*pi) + sin(7*pi*x)/(7*pi) + sin(8*pi*x)/(8*pi) + sin(9*pi*x)/(9*pi) + sin(10*pi*x)/(10*pi) + 3/4
```

可得到一组 401 个数值,下面代码画出逼近图形,如图 8.3 所示：

```
>> x=-1:0.01:3;
>> plot(x,y,'b')
>> hold on
>> grid on
>> plot(x,F,'r')
>> title 傅里叶逼近(取前 10 项)
```

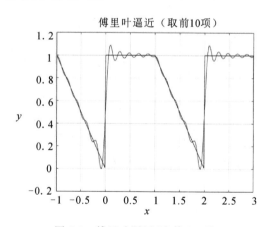

图 8.3 傅里叶逼近(取前 10 项)

说明：如果在上述例子中取 $n=50,100,1000,\cdots$,会发现在函数的间断点附近部分和函数似乎会不逼近分段函数在该点的函数值,并且随着部分和项数的增大,这种不接近的幅度越来越小,且幅度越来越接近某个范围。这种用傅里叶级数的有限项构成的部分和函数图形逼近函数值过程中出现的现象,就是信号处理中称为"吉布斯"(Gibbs)现象的图形特征。

吉布斯现象又叫吉布斯效应。将具有不连续点的周期函数进行傅里叶级数展开后,选取有限项合成,选取的项数越多,在所合成的波形中出现的峰起位置越靠近原信号的不连续点。当选取的项数很大时,该峰值不会随项数的增加而增加,其上冲幅度(合成波形峰值和原始函

数 $f(x)$ 的偏差与间断点跃变值之比)趋于一个常数,大约等于 9%,这是吉布斯现象的数值刻画。

在实际研究中要消除吉布斯现象,可以采用对函数进行延拓的方法,使之变成连续函数。大家可以自行验证。

实验练习

1. 使用 MATLAB 验证三角函数系 $1, \cos x, \sin x, \cos 2x, \sin 2x, \cdots, \cos nx, \sin nx, \cdots$ 的正交性。(提示:三角函数系 $1, \cos x, \sin x, \cos 2x, \sin 2x, \cdots, \cos nx, \sin nx, \cdots$ 在区间 $[-\pi, \pi]$ 上正交,即其中任意两个不同的函数的乘积在 $[-\pi, \pi]$ 上的积分等于 0。)

2. 试用 MATLAB 求下列周期为 T 的函数的傅里叶级数当 $n=10$ 时的部分和函数,并通过取不同的 n 值,观察部分和函数与其逼近的情况:

(1) $f(x) = \begin{cases} x, & 0 \leqslant x \leqslant 1 \\ 1, & -1 < x < 0 \end{cases}$, $T = 2$;

(2) $f(x) = \sin \dfrac{x}{3}, -\pi \leqslant x \leqslant \pi, T = 2\pi$。

3. 通过 MATLAB 使用具体实例验证傅里叶系数的三条性质:

(1) 若 $f(x)$ 是 $(-\pi, \pi)$ 上的可积函数,则 $f(x)$ 的傅里叶系数 a_n, b_n(或 c_n)当 $n \to +\infty$ 时趋于 0,这个性质称为黎曼-勒贝格(Riemann-Lebesgue)定理。

(2) 若 $f(x)$ 是 $(-\pi, \pi)$ 上的可积函数,则有

$$\frac{1}{\pi} \int_{-\pi}^{\pi} |f(x)|^2 \mathrm{d}x = 2 \sum_{n \to -\infty}^{\infty} |c_n|^2 = \frac{1}{2} a_0^2 + \sum_{n=1}^{\infty} (a_n^2 + b_n^2)$$

这个等式称为帕塞瓦尔(Parseval)等式。

(3) 函数 $f(x)$ 的傅里叶级数的部分和 $S_n(x) = \dfrac{a_0}{2} + \sum\limits_{k=1}^{n}(a_k \cos kx + b_k \sin kx)$ 可以简化为

$$S_n(x) = \frac{1}{\pi} \int_{-\pi}^{\pi} f(x+t) \frac{\sin \dfrac{2n+1}{2}t}{2 \sin \dfrac{t}{2}} \mathrm{d}t$$

并称这一简化形式为 $S_n(x)$ 的积分形式,或称为狄利克雷积分。

实验拓展

前面讨论了对于有间断点的周期函数 $f(x)$,在使用傅里叶级数的部分和函数逼近原函数时,在间断点附近位置存在"吉布斯"现象。以周期函数

$$f(x) = \begin{cases} -1, & -\pi \leqslant x < 0 \\ 1, & 0 \leqslant x < \pi \end{cases}$$

为例,将其傅里叶级数部分和函数记作

$$s_n(x) = \sum_{k=1}^{n} \frac{\pi}{4} \frac{\sin(2k+1)\pi}{2k+1}$$

分别用几何图形和数值计算两种方式讨论 $s_n(x) - f(x)$ 的变化情况。

实验 9　平面封闭图形的周长与面积的测量

实验目的

1. 理解曲线弧长的概念，掌握弧长的近似计算方法；
2. 理解曲线围成的平面图形面积的概念，研究面积的计算方法；
3. 研究面积与周长的关系，寻求一定面积下的最小周长的图形的设计方法。

实验背景

在土地测量和一些专用评估中需要对特定区域进行测量，计算一些由曲线围成的特定几何形状的面积和周长。譬如，在灾害监测以及抢险救灾中需要评估受灾的面积、加固目标的周长等。

实验内容

在我国的南海上，分布着很多璀璨的明珠。为了更好地开发和保卫这些明珠，需要测量计算它们的面积和海岸线长度。图 9.1 是某海岛的照片，图 9.2 是它的曲线轮廓图，设计出计算它的面积和周长的算法。

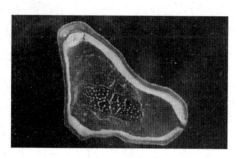
图 9.1　某海岛照片

图 9.2　某海岛轮廓图

实验指导

面积和周长是平面物体的几何形状的重要度量参数，对于规则图形如三角形、矩形、圆，它们的周长和面积有精确的计算公式。在工程实践中测量对象的形状是多种多样的，无法用规则图形的周长和面积的计算方法来计算。我们的方法是：首先建立坐标系和轮廓曲线的方程，然后用定积分近似计算的方法和弧长近似计算的方法分段计算各个曲边梯形的面积和曲边的长度，然后对面积和弧长求和即可。

定积分的近似计算方法有矩形法、梯形法和辛普森法等。这些方法的共同特点是把积分区间分割为多个子区间，在每一个小区间内用简单的多项式代替被积函数进行积分，各个子区间计算结果的和作为被积函数在整个积分区间上的定积分。

1.数值积分的基本理论

1)复化矩形法

矩形法求定积分的近似值时,把积分区间$[a,b]$分割为n等份,令

$$x_0=a, \quad x_i=x_0+ih, \quad i=1,2,\cdots,n, \quad h=\frac{b-a}{n}$$

在任意子区间$[x_{i-1},x_i]$上,把子区间上曲边梯形看成矩形,选取$\xi_i=x_{i-1}$(或者$\xi_i=x_i$)处函数值$f(x_{i-1})$(或$f(x_i)$)作为该区间上矩形的高,从而以左矩形面积$f(x_{i-1})h$(或右矩形面积$f(x_i)h$)作为子区间$[x_{i-1},x_i]$上积分的近似值,如图9.3所示。

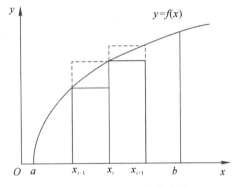

图 9.3　定积分的数值计算

定积分的近似值为各个子区间左(右)矩形面积之和L_n(或R_n)(见图9.4):

$$L_n=\frac{b-a}{n}\sum_{i=1}^{n}f(x_{i-1}) \tag{9.1}$$

或

$$R_n=\frac{b-a}{n}\sum_{i=1}^{n}f(x_i) \tag{9.2}$$

或者,每个子区间$[x_{i-1},x_i]$上的定积分用以区间中点$\frac{x_{i-1}+x_i}{2}$的函数值$f\left(\frac{x_{i-1}+x_i}{2}\right)$为高的中矩形面积代替,定积分的近似值则表示为各个中矩形面积$f\left(\frac{x_{i-1}+x_i}{2}\right)h$之和$M_n$:

$$M_n=\frac{b-a}{n}\sum_{i=1}^{n}f\left(\frac{x_{i-1}+x_i}{2}\right) \tag{9.3}$$

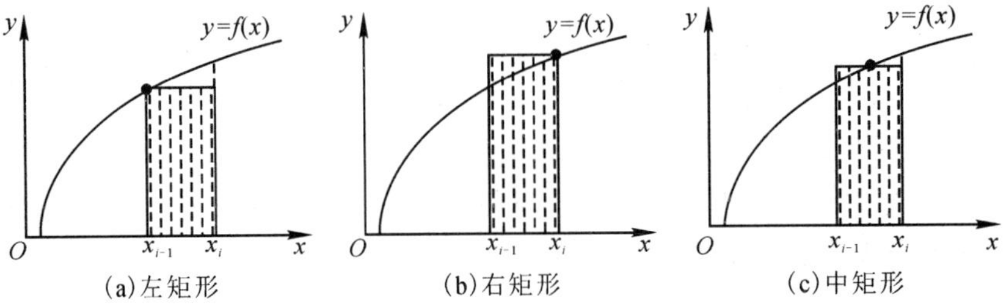

(a)左矩形　　(b)右矩形　　(c)中矩形

图 9.4　矩形近似

2)复化梯形法

梯形法与矩形法不同之处是把任意子区间$[x_{i-1},x_i]$上曲边梯形看成梯形,从而得到子区间$[x_{i-1},x_i]$上积分的近似值(梯形的面积)为$A_i=\left[\dfrac{f(x_{i-1})+f(x_i)}{2}\right]h$(见图9.5(a)),定积分的近似值为各个子区间的梯形面积$\left[\dfrac{f(x_{i-1})+f(x_i)}{2}\right]h$的和$T_n$:

$$T_n=\frac{b-a}{n}\sum_{i=1}^{n}\frac{f(x_{i-1})+f(x_i)}{2} \tag{9.4}$$

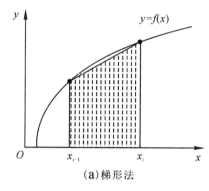
(a)梯形法

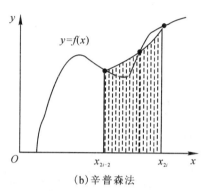
(b)辛普森法

图9.5 梯形法和辛普森法

3)复化辛普森法

复化辛普森法与复化矩形法、复化梯形法不同,要求把积分区间分割为$2n$等份,$h=\dfrac{b-a}{2n}$。在区间$[x_{2i-2},x_{2i}]$上把被积函数看成抛物线。抛物线的方程为

$$p_i(x)=c_0(x-x_{2i-2})^2+c_1(x-x_{2i-2})+c_2$$

满足

$$p_i(x_j)=f(x_j),\quad j=2i-2,\cdots,2i$$

代入可得

$$c_0=2n^2\frac{f(x_{2i})-2f(x_{2i-1})+f(x_{2i-2})}{(b-a)^2}$$

$$c_1=-n\frac{f(x_{2i})-4f(x_{2i-1})+3f(x_{2i-2})}{b-a}$$

$$c_2=f(x_{2i-2})$$

区间$[x_{2i-2},x_{2i}]$上对$p_i(x)=c_0x^2+c_1x+c_2$积分得(见图9.5(b)):

$$A_i=\frac{f(x_{2i})+4f(x_{2i-1})+f(x_{2i-2})}{3}h$$

定积分的近似值为各个子区间近似计算结果的和:

$$S_{2n}=\frac{b-a}{n}\left[\frac{f(x_0)-f(x_{2n})}{6}+\sum_{i=1}^{n}\frac{2f(x_{2i-1})+f(x_{2i})}{3}\right] \tag{9.5}$$

4)基于MATLAB的程序设计

由MATLAB直接计算式(9.1)~(9.5)并不是很难,为了比较这五个近似和的精度,选取

$n=2m$,则子区间的划分为
$$a=x_0<x_1<x_2<\cdots<x_{2m}=b$$

计算 L_n,R_n,M_n,T_n,S_n 的 MATLAB 程序如下:

```
% 输入函数为 f,区间[a,b]和整数 m>0,n=2m,输出的左矩形、右矩形、中矩形、梯形
% 和辛普森法近似和为 Ln、Rn、Midm、Tn、Sm。
a=0;b=1;
m=10;
n=2*m;
h=(b-a)/n;
x=a;
sum1=0.0;
for i=1:n+1
    fval(i)=x^2;
    sum1=sum1+fval(i);
    x=x+h;
end
sum=0;
for i=1:m+1
    sum=sum+fval(2*i-1);
end
Ln=(sum1-fval(n+1))*h;      %左矩形
Rn=(sum1-fval(1))*h;        %右矩形
Tn=(Ln+Rn)/2;               %梯形

sum2=0;
for i=1:m
    sum2=sum2+fval(2*i);
end
Midm=sum2*2*h;              %中矩形

sum3=0.0;
if m>1
    for i=1:m
        sum3=sum3+4*fval(2*i)+2*fval(2*i+1);
    end
    Sm=(fval(1)+sum3+fval(n+1))*h/3.0;   %辛普森法
end
Ln
Rn
```

Midm

Tn

Sm

除此之外,还可以利用 MATLAB 自带命令 rsums 演示用矩形法计算积分

$$\int_0^1 x(1-x)\mathrm{d}x$$

的过程,代码如下:

```
clear,clc
syms x
rsums(x*(1-x))
hold on
fplot(x*(1-x),[0,1],'k')
hold off
```

运行结果如图 9.6 和 9.7 所示。

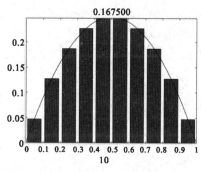

图 9.6 rsums 计算积分

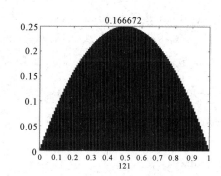

图 9.7 121 个矩形计算积分

2.计算积分的 MATLAB 命令

MATLAB 进行符号积分的命令为 int,当求不定积分时,它返回的是被积函数的一个原函数;当求定积分时,它返回的是定积分的精确值。该命令调用方式如下:

int(s):求符号表达式 s 的不定积分;

int(s,x):求符号表达式 s 关于变量 x 的不定积分;

int(s,a,b):求符号表达式 s 的定积分,a,b 分别为积分的下限和上限;

int(s,x,a,b):求符号表达式 s 关于变量 x 的定积分,a,b 分别为积分的下限和上限。

例 9.1 求下列函数的积分:

(1) $\int \dfrac{\ln(x+1)}{\sqrt{x+1}}\mathrm{d}x$;

(2) $\int_{-1}^{1} x^2 \mathrm{d}x$;

(3) $\int_{-\infty}^{+\infty} \dfrac{1}{1+x^2}\mathrm{d}x$;

(4) $\int_0^x t\cos t\,\mathrm{d}t$;

(5) $\int_0^1 \dfrac{\cos x^2}{1+x}\mathrm{d}x$ 。

解 程序代码如下:

```
clear,clc
syms x  t
```

(1) int (log(x+1)/sqrt(1+x))
(2) int(x^2,x,-1,1)
(3) int(1/(x^2+1),x,-inf,inf)
(4) int(t*cos(t),t,0,x)
(5) int(cos(x^2)/(1+x),x,0,1)

运行结果如下：
(1) ans = 2*(log(x + 1) - 2)*(x + 1)^(1/2)
(2) ans = 2/3
(3) ans = pi
(4) ans = cos(x) + x*sin(x) - 1
(5) ans = int(cos(x^2)/(x + 1), x, 0, 1)

运行结果(5)说明 int 命令不能用来求解该积分的精确值。事实上，该被积函数的原函数不能用初等函数表示，因此当精确值无法获得时，就用数值积分的方法计算近似值。

MATLAB 中，数值积分方法计算定积分的函数有 trapz、quad 和 quadl 等。计算二重积分的函数有 dblquad 和 quad2d 等，计算三重积分的函数有 triplequad 和 quad3d 等。

(1) trapz 命令：使用梯形法计算定积分的近似值。调用函数为

z = trapz(x,y)   % 计算函数 y 对 x 积分的近似值

例 9.2 计算 $\int_1^2 \frac{\sin x}{x} dx$，程序代码如下：

x=1:0.01:2;   % 分步长为 0.01
y=sin(x)./x;
z=trapz(x,y);

运行结果如下：
z =   0.6593

(2) quad 命令：采用递归自适应辛普森方法求解定积分，有三种表现形式，用于不同条件下计算定积分的近似值。

Q = quad(FUN,A,B)：误差控制在 10^{-6} 之内。其中 FUN 是一个函数句柄，函数 Y = FUN(X) 表示输入为向量 X 时输出为向量 Y，对应于给定自变量取值时被积函数的值。

Q = quad(FUN,A,B,tol)：绝对误差控制在 tol 之内。

Q = quad(FUN,A,B,TOL,TRACE)：TRACE 显示递归过程中[fcnt a b-a Q]的值。

例 9.3 计算 $\int_1^2 \frac{\sin x}{x} dx$，首先定义被积函数，程序代码如下：

function y = fun1(x)
y=sin(x)./x;

调用函数 quad 计算定积分近似值的命令如下：

>> quad('fun1',1,2);
>> I = vpa (quad ('fun1',1,2),10)

运行结果如下：
I = 0.6593299064

需要注意:这里建立的 M 函数的名称 fun1 与程序中 function 的 fun1,还有使用 quad 命令调用时的'fun1',这三个地方需要保持一致。用上述的方法,还可以计算例 9.4 中的积分。

例 9.4 计算 $\int_0^1 \dfrac{\cos x^2}{1+x} \mathrm{d}x$。

解 用 trapz 命令计算的程序代码如下:

```
clear
x=0:0.05:1;
y=cos(x.^2)./(1+x);
I=vpa(trapz(x,y),20)
```

运行结果如下:

I = 0.64063299495350600754

用 quad 命令计算的程序代码如下:

先编写函数:

```
function y=fun2(x)
y=cos(x.^2)./(1+x);
```

MATLAB 命令窗输入:

```
>> I=vpa(quad('fun2',0,1),20)
```

运行结果如下:

I = 0.64062818779588803775

(3) quadl 命令:采用高阶递归自适应洛巴托(Lobatto)数值方法近似计算定积分,有三种表现形式,用于不同条件下计算定积分的近似值。

Q = quadl(FUN,A,B):误差控制在 10^{-6} 之内。其中 FUN 是一个函数句柄,函数 Y = FUN(X) 表示输入为向量 X 时输出为向量 Y,对应于给定自变量取值时求被积函数的值。

Q = quadl(FUN,A,B,tol):绝对误差控制在 tol 之内。

Q = quadl(FUN,A,B,TOL,TRACE):TRACE 显示递归过程中[fcnt a b-a Q]的值。

例 9.5 计算 $\int_1^2 \dfrac{\sin x}{x} \mathrm{d}x$。

解 首先定义被积函数,程序代码如下:

```
function y = fun1(x)
y=sin(x)/x;
```

调用函数 quad 计算定积分近似值的程序代码如下:

```
Q=vpa(quadl('fun1',1,2),20);
```

运行结果如下:

Q = 0.65932990643551037113

例 9.6 计算数值积分 $\iiint_\Omega (y\sin x + z\cos x) \mathrm{d}x\mathrm{d}y\mathrm{d}z$,其中 $\Omega: 0 \leqslant x \leqslant \pi, 0 \leqslant y \leqslant 1, -1 \leqslant z \leqslant 1$。

解 先编写 M 文件:

```
function f=fun3(x,y,z)
```

f=y*sin(x)+z*cos(x);
用 triplequad 命令求解,相应的 MATLAB 命令如下：
>> Q=vpa(triplequad('fun3',0,pi,0,1,-1,1),20)
运行结果如下：
Q = 1.9999999943626374233
使用 int 命令计算其精确值,程序代码如下：
clear;
syms x y z
int(int(int('y*sin(x)+z*cos(x)',z,-1,1),y,0,1),x,0,pi)
运行结果如下：
ans = 2
可见 triplequad 命令求得的结果精度已经很高了。
(4)定积分近似求解函数的差异：
①对于积分精度要求不高的不光滑被积函数,quad 函数求解效率最高；
②对于光滑的被积函数,quadl 函数比 quad 函数求解效率更高；
③对于积分精度要求高而且被积函数振荡的情况,quadgk 函数是最有效的,并且可用于计算上下限趋于无穷或区间端点为奇点的反常积分；
④相对而言,trapz 函数计算积分的精度最低。

3.计算封闭图形周长和面积的公式
用积分不仅可以求各类图形的面积、体积,还可以计算曲线的弧长等。
(1)假设轮廓曲线被分割成 n 个点 (x_i, y_i), $i=1,\cdots,n$, 令 $(x_{n+1}, y_{n+1})=(x_1, y_1)$, 则周长的近似计算公式为

$$s = \sum_{i=1}^{n} \sqrt{(x_{i+1}-x_i)^2 + (y_{i+1}-y_i)^2}$$

例 9.7 表 9.1 给出了图 9.8 所示曲线上的点的坐标,试计算图 9.8 所示的曲线的长度和围成的图形的面积。

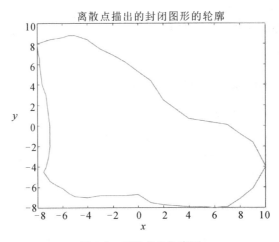

图 9.8 离散点的轮廓图

表 9.1 图 9.8 所示图形边界曲线点坐标　　　　　　　　　　　单位:km

x_i	y_i	x_i	y_i	x_i	y_i	x_i	y_i	x_i	y_i	x_i	y_i
−8	8	−1	6.2	8	−0.8	3	−7.8	−5.5	−6.6	−7	0
−7	8.4	0	5.3	9	−1.6	2	−7.7	−6	−6.1	−7.1	1
−6.5	8.5	1	4.4	10	−4	1	−7.5	−6.5	−5.8	−7.2	2
−6	8.6	2	2.5	9	−6.1	0	−6.7	−7	−5.4	−7.3	3
−5.5	8.8	3	1.6	8	−7.1	−1	−6.8	−7.5	−4.5	−7.6	4
−5	8.8	4	0.7	7	−7.9	−2	−6.8	−7.3	−4	−7.7	5
−4	8.4	5	0.5	6	−8	−3	−6.8	−7.1	−3	−7.8	6
−3	7.5	6	0.3	5	−7.9	−4	−7	−7	−2	−7.8	6.5
−2	6.9	7	0.1	4	−7.9	−5	−6.9	−7	−1	−7.9	7

解 MATLAB 代码如下:

```
x=[-8  -7  -6.5  -6  -5.5  -5  -4  -3  -2  -1  0  1  2  3  4  5
   6  7  8  9  10  9  8  7  6  5  4  3  2  1  0  -1  -2  -3  -4  -5  -5.5
   -6  -6.5  -7  -7.5  -7.3  -7.1  -7  -7  -7  -7.1  -7.2  -7.3  -7.6
   -7.7  -7.8  -7.8  -7.9  -8];
y=[8  8.4  8.5  8.6  8.8  8.8  8.4  7.5  6.9  6.2  5.3  4.4  2.5  1.6
   0.7  0.5  0.3  0.1  -0.8  -1.6  -4  -6.1  -7.1  -7.9  -8  -7.9  -7.9
   -7.8  -7.7  -7.5  -6.7  -6.8  -6.8  -6.8  -7  -6.9  -6.6  -6.1  -5.8
   -5.4  -4.5  -4  -3  -2  -1  0  1  2  3  4  5  6  6.5  7  8];
plot(x,y)
title 离散点描出的封闭图形的轮廓
for i=1:54
    d(i)=sqrt((x(i+1)-x(i))^2+(y(i+1)-y(i))^2);
end
l=sum(d)
```

运行结果如下:

l =　57.3198

(2) 假设 n 边形的 n 个顶点按逆时针方向依次为 $M_1(x_1,y_1), M_2(x_2,y_2), \cdots, M_n(x_n,y_n)$, 利用曲线积分可以证明此 n 边形的面积为

$$A = \frac{1}{2}[(x_1y_2 - x_2y_1) + (x_2y_3 - x_3y_2) + \cdots + (x_{n-1}y_n - x_ny_{n-1}) + (x_ny_1 - x_1y_n)]$$

对于表 9.1 的数据,编写计算轮廓图包围的图形面积代码如下:

```
x=fliplr(x);%按公式要求对 x 坐标数据逆时针排列
y=fliplr(y);%按公式要求对 y 坐标数据逆时针排列
for k=1:54
    A(k)=x(k)*y(k+1)-x(k+1)*y(k);
```

```
end
S=sum(A)/2
```
运行结果如下：

S= 186.3750

实验练习

1.分别用复化矩阵法、复化梯形法、复化辛普森法和 MATLAB 命令 int 计算以下定积分，比较各种方法的精度，并计算每种方法的误差，即近似值－精确值(解析值)。

(1) $\int_0^{\frac{\pi}{2}} \sin x \, dx$， (2) $\int_0^1 (2x+1) dx$， (3) $\int_0^1 (3x^2+1) dx$， (4) $\int_0^1 (4x^3+1) dx$。

取同样的 $n=2m$ 比较每种方法误差的大小，并观察每种方法随 n 增加一倍时对误差大小的影响。可以从 $n=2,4,8,16,\cdots$ 开始，列表观察，说明梯形法和中矩形法、辛普森法对线性函数和二次函数积分的精度。

2.比较左矩形、右矩形和梯形法数值积分在相同步长的数值，分析它们的数值关系，并从理论上证明 $T_n = \dfrac{L_n + R_n}{2}$。

3.分别用 $\int_{-1}^1 \sqrt{|1-x^2|} \, dx$ 和 $\int_0^1 \dfrac{1}{1+x^2} dx$ 计算 π 的数值，如果每次加倍 m 的数值，对每种方法需要多大的 m 值可以得到精度为 10^{-2}、10^{-3}、10^{-4}、10^{-5} 的 π 值。

4.依据表 9.1 的数据用不同的方法计算图 9.8 所示曲线的长度和曲线围成的图形的面积。试设计出根据区域边界曲线上点的坐标来计算边界曲线所围图形面积的快速算法，并说明理论依据。

实验拓展

1.如果对海岛岸边上某一目标进行防海水侵蚀加固，加固目标背靠海岛，需要加固的是面向海洋的一段曲线，为节省成本，加固目标的占地面积为 1 km²，试设计曲线的形状使得加固的曲线最短。

2.以例 9.7 所给表格数据分析，若海岛被敌方占领，需对海岛进行炮火覆盖，假设每枚炮弹都可精确命中目标，每枚炮弹的毁伤面积都是一个以瞄准点为圆心的半径为 500 m 的圆，试设计每枚炮弹的瞄准点使得所用炮弹数量尽可能少。

实验 10 火炮炮弹的弹道设计问题

实验目的

1.熟悉运动曲线参数方程的建立方法；
2.观察参数的变化对曲线形状与特征的影响；
3.会用常微分方程研究运动物体的轨迹曲线。

实验背景

火炮与坦克是地面作战的重要武器，火炮与坦克的对抗也是敌对双方重要的火力对抗形式。有效击毁敌方进攻的坦克，阻滞或摧毁敌方进攻的坦克集群是火炮火力攻击的主要任务。随着信息化技术的快速发展，火炮已经可以精确控制炮弹的发射初速和发射角度，进而实现对坦克的精确打击。对于运动中的坦克，如何根据坦克的位置和运动速度选择火炮炮弹的发射初速和发射角度是火炮精确打击的关键。请建立数学模型仿真计算出火炮的控制参数（炮弹发射初速和发射角）。

实验内容

根据侦察，发现离我军火炮阵地水平距离 10 km 的前方有一敌军的坦克群正以 50 km/h 的速度向我军阵地驶来。现欲发射炮弹摧毁敌军坦克群，为在最短时间内有效摧毁敌军坦克，要求每门火炮都能进行精确射击，这样问题就可简化为单门火炮对移动坦克的精确射击问题。假设炮弹发射初速可控制在 0.2 km/s～0.6 km/s，如何选择炮弹的发射初速和发射角度才能有效摧毁敌军坦克。

实验指导

1.火炮坦克火力对抗过程分析

假设火炮位于坐标原点$(0,0)$，y 轴正向垂直向上，x 轴正向为火炮指向敌军坦克方向。假设坦克位于点 $x=x_0$ 处，以速度 v_{tank} 沿直线向火炮阵地行进。假设火炮的炮弹是无动力的且发射后仅靠惯性飞行。

（1）若不考虑空气阻力，则炮弹运动轨迹的参数方程为

$$\begin{cases} x(t)=(v_0\cos\alpha)t \\ y(t)=(v_0\sin\alpha)t-\dfrac{1}{2}gt^2 \end{cases} \tag{10.1}$$

其中，v_0 是炮弹发射的初速；α 是炮弹的发射角；g 是重力加速度（9.8 m/s²）。方程组（10.1）的第一个方程描述炮弹在时刻 t 的水平位置，第二个方程描述炮弹在时刻 t 的垂直位置。

利用 MATLAB 编程绘出炮弹飞行的轨迹图。首先建立函数文件 plot_trace.m，代码如下：

```
% 画炮弹飞行轨迹曲线图的函数程序
function plot_trace(v0,alpha)     % v0 为炮弹初速，alpha 为炮弹发射角
g=9.8;
t1=2*v0*sin(alpha)/g;             % 求击中的时间
t=0:0.001:t1;
x=v0*cos(alpha)*t;                % (x,y) 为炮弹击中坦克时坦克的位置坐标
y=v0*sin(alpha)*t-1/2*g*t.^2;
plot(x,y,'k','linewidth',2)
grid on
xlabel x
ylabel y
title 炮弹飞行轨迹曲线
end
```

假定炮弹发射的初速为 0.25 km/s，发射角为 65°，在命令行窗口输入

```
>> plot_trace(0.25*1000,65*pi/180)
```

然后点击 Enter 键得到炮弹飞行轨迹的曲线图，如图 10.1 所示。

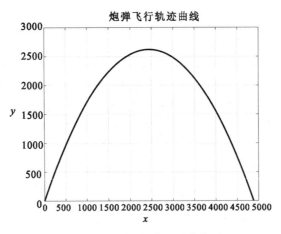

图 10.1 炮弹飞行轨迹的曲线图

若炮弹要击毁坦克，必须是炮弹的落地点 $\left(\text{飞行时间为}\dfrac{2v_0\sin\alpha}{g}\right)$ 与坦克行驶到的地点相同，而坦克在 t 时刻的位置为

$$x = x_0 - v_{\text{tank}} t$$

因此必须有

$$x_0 - v_{\text{tank}} \frac{2v_0 \sin\alpha}{g} = v_0 \cos\alpha \frac{2v_0 \sin\alpha}{g} \tag{10.2}$$

对于不同 v_0 求出满足方程(10.2)的 α 值，事实上这是一个非线性方程求根的问题。

(2) 考虑空气阻力。

假定炮弹在飞行过程中受到重力和空气阻力的作用，记炮弹在 t 时刻的位置坐标为 $(x(t),y(t))$，其中 x 轴正向是运动的水平方向，y 轴正向是运动的垂直方向。通过在 $y=0$ 的约束下最大化 x，假设 $t=0$ 时炮弹从原点 $(0,0)$ 以与 x 轴正向水平线夹角 α、初始速度 v_0 发射出去，它受到的空气阻力为

$$F_r = -kv = -k\left(\frac{dx}{dt}, \frac{dy}{dt}\right) \tag{10.3}$$

其中，k 为空气阻力系数。注意到炮弹受到的重力为

$$F_g = (0, -mg) \tag{10.4}$$

在推导 $x(t)$ 和 $y(t)$ 所满足的微分方程之前，补充一点说明：虽然将位置 $(x(t),y(t))$ 仅写作时间 t 的函数，但实际上位置变量还依赖于其他几个变量或参数。特别是 $x(t)$ 和 $y(t)$ 也依赖于发射角 α、阻力系数 k、质量 m 及重力加速度 g 等。

按照牛顿第二定律 $F=ma$，结合空气阻力的式 (10.3) 和重力的式 (10.4) 得到微分方程

$$mx''(t) + kx'(t) = 0 \tag{10.5}$$

$$my''(t) + ky'(t) + mg = 0 \tag{10.6}$$

根据前面假设知，$x(t)$ 和 $y(t)$ 满足下列初始条件

$$x(0)=0, y(0)=0, x'(0)=v_0\cos\alpha, y'(0)=v_0\sin\alpha$$

先求解 $x(t)$ 的表达式，由二阶微分方程 (10.5)，令 $v=x'$ 可将其化为一阶微分方程 $mv'+kv=0$，易求出其通解 $v(t)=Ce^{-\frac{k}{m}t}$，由 $v(0)=x'(0)=v_0\cos\alpha$，得 $C=v_0\cos\alpha$，所以 $v(t)=v_0\cos\alpha\,e^{-\frac{k}{m}t}$。从 $v=x'(t)$ 通过积分可得 $x(t)$ 表达式，即 $x(t)=-\frac{m}{k}v_0\cos\alpha\,e^{-\frac{k}{m}t}+D$。由 $x(0)=0$ 得 $D=\frac{mv_0\cos\alpha}{k}$，故有

$$x(t) = \frac{mv_0\cos\alpha}{k}(1-e^{-\frac{k}{m}t}) \tag{10.7}$$

类似地，可从二阶微分方程 (10.6) 解出 y，令 $v=y'$ 可将其化为一阶微分方程 $mv'+kv+mg=0$，两端除以 m 并移项得 $v'+\frac{k}{m}v=-g$，两端乘积分因子 $e^{\frac{k}{m}t}$ 得

$$e^{\frac{k}{m}t}v' + \frac{k}{m}e^{\frac{k}{m}t}v = -ge^{\frac{k}{m}t}$$

即

$$\frac{d}{dt}(ve^{\frac{k}{m}t}) = -ge^{\frac{k}{m}t}$$

两端积分得

$$ve^{\frac{k}{m}t} = -\frac{gm}{k}e^{\frac{k}{m}t} + C$$

则有

$$v = -\frac{gm}{k} + Ce^{-\frac{k}{m}t}$$

利用初始条件 $y'(0)=v(0)=v_0\sin\alpha$ 确定其中的常数 C 后，对 v 积分得到 y 的表达式，再

由 $y(0)=0$ 得

$$y(t)=\frac{gm}{k}\left(\frac{m}{k}-t-\frac{m}{k}e^{-\frac{k}{m}t}\right)+\frac{m}{k}v_0(1-e^{-\frac{k}{m}t})\sin\alpha \qquad (10.8)$$

可以利用式(10.7)与(10.8)来描绘炮弹飞行的典型轨迹曲线。假定炮弹发射的初速为 v_0 = 0.25 km/s = 250 m/s，发射角为 $65°$，$g=9.8$ m/s^2，$m=5.0$ kg，$k=0.01$，炮弹飞行的时间由炮弹落地时的条件 $y=0$ 所确定，如何求炮弹的飞行时间 t_end。下面给出了求炮弹在考虑空气阻力下的飞行轨迹的 MATLAB 函数文件，其中 v0 和 alpha 分别为炮弹的初始速度和发射角，m 为炮弹的质量，k 为空气的阻力系数，t_end 为炮弹飞行的总时间。

令 $y(t)=0$，利用方程(10.8)求出 t 的非零解可以得到炮弹飞行的总时间 t_end，但是方程(10.8)是非线性方程，求解过程比较复杂，可以借用 MATLAB 的函数 fzero 来求解，具体调用格式为

```
t= fzero(fun, t0)
```

其中，t0 是初始迭代值，可通过 t0 = 2 * v0 * sin(alpha)/9.8 求得，具体求解 t_end 的 MATLAB 函数文件如下：

```
function t_end=totaltime(v0,alpha,m,k)
% 本函数用于计算炮弹的总飞行时间
% 输入参数 v0(m/s),alpha(rad),m(kg)
% 分别为炮弹发射初速、发射角和质量,k为空气的阻力系数
f = @(x,v,alpha1,mm,kk,g) mm * g/kk * (mm/kk-x-m/kk * exp(-kk * x/mm))+ v * (mm/kk) * sin(alpha1) * (1-exp(-kk * x/mm));
g=9.8;      % 重力加速度
v = v0;
alpha1 = alpha;
mm = m;
kk = k;
t0 = 2.0 * v0 * sin(alpha)/g;
t_end=fzero(@(x) f(x,v,alpha1,mm,kk,g),t0);    % 求函数 f 距离 t0 最近的零点
end
```

求出炮弹的总飞行时间 t_end 后，则炮弹飞行的轨迹曲线绘制可以通过函数文件 plot_trace2 得到，代码如下：

```
function plot_trace2(v0,alpha,m,k,t_end)
g=9.8;
t=0:0.1:t_end;
x=v0 * (m/k) * cos(alpha) * (1-exp(-k * t/m));
y= (m * g/k) * (m/k-t-m/k * exp(-k * t/m))+ v0 * (m/k) * sin(alpha) * (1-exp(-k * t/m));
plot(x,y)
end
```

例如，当发射角 $\alpha=65°$ 时，在命令行窗口输入

```
>> t0 = 2*250*sin(65*pi/180)/9.8
```
运行可得 t0=46.2402s,其次在命令行窗口输入
```
>> t_end = totaltime(250,65*pi/180,5,0.01)
```
运行可得时间值为 45.5487s,再在命令行窗口输入
```
>> plot_trace2(250,65*pi/180,5,0.01,45.5487)
```
则输出图 10.2。由于炮弹飞行的水平射程为 $x(t)=\dfrac{mv_0\cos\alpha}{k}(1-\mathrm{e}^{-\frac{k}{m}t})$,最后在命令行窗口输入
```
>> x=5/0.01*250*cos(65*pi/180)*(1-exp(-0.01/5*t_end))
```
运行可得炮弹落地时飞行的水平射程为 4599.7 m。

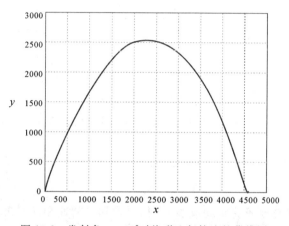

图 10.2 发射角 α=65°时炮弹飞行轨迹的曲线图

本实验中,可以通过改变初速和发射角来计算炮弹落地时其飞行的水平距离 x_{pao} 和炮弹飞行的总时间 t_end,表 10.1 给出当发射角 α=65°且炮弹初速分别为 0.2 km/s、0.25 km/s、0.3 km/s、0.35 km/s、0.4 km/s、0.45 km/s、0.5 km/s、0.55 km/s、0.6 km/s 时,炮弹落地时其飞行的时间。

表 10.1 炮弹落地时飞行时间与初速的关系

初速/(km·s^{-1})	0.2	0.25	0.3	0.35	0.4	0.45	0.5	0.55	0.6
飞行时间/s	36.547	45.5487	54.4984	63.3969	72.2451	81.0439	89.7942	98.4967	107.1522

利用 MATLAB 编程可以得到表 10.1 的数据,建立脚本文件 Time_sudu.m,代码如下:
```
clc,clear all
v=0.2:0.05:0.6;
n=length(v);
Time=zeros(1,n);
for i=1:n
    t_end = totaltime(v(i)*1000,65*pi/180,5,0.01);
    Time(i)=t_end;
```

            end
            Time

同时坦克在 t_end 时刻的位置 $x_{tank}=10000-v_{tank}\times$ t_end,若 $|x_{pao}-x_{tank}|<L$,则认为炮弹击中坦克,其中 L 为炮弹击毁的距离范围(小于坦克的长度)。因此对于给定的值 L,可以计算满足上述条件的所有发射初速 v_0 和发射角 α。请读者自行完成。

实验练习

在上述假设下,进一步研究下列问题:

(1)选择一个初速和发射角,利用 MATLAB 画出炮弹飞行的轨迹。

(2)假定坦克在火炮前方 10 km 处静止不动,炮弹发射的初速为 0.32 km/s,应选择什么样的发射角才能击中坦克?画出炮弹飞行的轨迹图,通过实验数据和图形来说明你的结论的合理性。

(3)假定坦克在火炮前方 10 km 处静止不动,探索降低或增加炮弹发射的初速的情况下,应如何选择炮弹的发射角?从上述讨论中总结出最合理有效的发射初速和发射角。

(4)假定坦克在火炮前方 10 km 处以 50 km/h 的速度向火炮方向前进,试制订迅速摧毁敌军坦克的方案?

实验拓展

1.空气阻力系数 k 与炮弹的质量 m 变化时,对炮弹的初速和发射角变化进行仿真计算。

2.若火炮为自动装填火炮,炮弹发射间隔为 0.2 s,为确保有效击毁坦克需要连续发射三发炮弹,试讨论火炮的发射时间、初速和发射角,并进行仿真计算。

实验 11　炮兵射击演习安全区的确定

实验目的

1. 熟悉单参数曲线族包络线的概念；
2. 掌握建立单参数曲线族包络线的方法；
3. 掌握用 MATLAB 绘制曲面和区域的方法；
4. 熟悉包络线的应用方法；
5. 了解旋转曲面的建立方法。

实验背景

在火炮射击演习时，必须划分一定的禁入区域，炮弹可能会击毁进入该区域的物体或目标，因此必须建立安全区。安全区指的是一个空间和时间区域，即在规定的时间内任何目标禁止进入的区域以外的区域。

实验内容

火炮的炮弹发射初速和发射的方位角及发射角是有一定范围的，需要根据炮弹的发射初速和火炮发射的方位角、发射角来确定炮弹的射击曲线所能覆盖的地面和空域。假设炮弹的最大发射初速为 v_0，发射角范围为 $\left(0, \dfrac{\pi}{2}\right)$，试通过分析弹道曲线来获得射击演习的安全区。

实验指导

以火炮的地面位置为原点，射向为 x 轴正向，垂直水平面向上的方向为 y 轴正向，x 轴和 y 轴组成的平面称为炮弹的射面。假设炮弹的发射初速为 v_0，发射角为 α，$(x(t), y(t))$ 为炮弹在 t 时刻的位置坐标，炮弹的弹道曲线如图 11.1 所示。

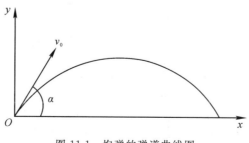

图 11.1　炮弹的弹道曲线图

1. 火炮炮弹的动力学分析（弹道曲线族方程）

在不考虑空气阻力的情况下，炮弹的动力学方程如下：

$$\begin{cases} \dfrac{dx}{dt} = v_0 \cos\alpha \\ \dfrac{dy}{dt} = -gt + v_0 \sin\alpha \end{cases} \quad (11.1)$$

初值条件为

$$\begin{cases} x(0) = 0, \ \dfrac{dx}{dt}\bigg|_{t=0} = v_0 \cos\alpha \\ y(0) = 0, \ \dfrac{dy}{dt}\bigg|_{t=0} = v_0 \sin\alpha \end{cases} \quad (11.2)$$

对式(11.1)的两个微分方程分别积分两次，并将式(11.2)代入即可得出弹道曲线的参数方程为

$$\begin{cases} x = (v_0 \cos\alpha)t \\ y = -\dfrac{gt^2}{2} + (v_0 \sin\alpha)t \end{cases} \quad (11.3)$$

消去参数 t，可以得到弹道曲线的直角坐标的表达式为

$$y = (\tan\alpha)x - \dfrac{gx^2 \sec^2\alpha}{2v_0^2} \quad (11.4)$$

从式(11.4)可以看出，当 v_0 和 α 取不同值时弹道的曲线是不同的，图 11.2 是当 $\alpha = 15°$，$25°,35°,45°,55°,65°,75°$，$v_0 = 50$ m/s 时用 MATLAB 画出的弹道曲线，建立脚本文件 dandaoquxian.m，代码如下：

```
clc,clear,close all
alpha=[15 25 35 45 55 65 75]*pi/180;
n=length(alpha);
v0=50;          % 炮弹初速大小
p_x_max=2*tan(alpha)*v0^2./(9.8*(1+tan(alpha).^2));
n_max=300;
p_x1=zeros(n_max);
p_y1=zeros(n_max);
delta_x=p_x_max/n_max;
line_spec={'+k','ok','.k',':k',':k','--k','-k'};
for i=1:n
    p_x1=0:5*delta_x(i):p_x_max(i);
    tem_tan=tan(alpha(i));
    p_y1=tem_tan*p_x1-(9.8*p_x1.^2*(1.0+tem_tan^2)/(2*v0^2));
    plot(p_x1,p_y1,line_spec{i});
    hold on
```

```
end
x_max=v0^2/9.8;
p_x_b=0:x_max/500:x_max;
p_y_b=v0^2/(2*9.8)-9.8*p_x_b.^2/(2*v0^2);
p_y_b(500)=0;
plot(p_x_b,p_y_b,'k-','linewidth',2.5)
grid on
xlabel x
ylabel y
legend \alpha=15^o 弹道曲线 \alpha=25^o 弹道曲线 \alpha=35^o 弹道曲线 …
\alpha=45^o 弹道曲线 \alpha=55^o 弹道曲线 \alpha=65^o 弹道曲线 …
\alpha=75^o 弹道曲线 包络线
title v_0=50m/s时的弹道曲线
```

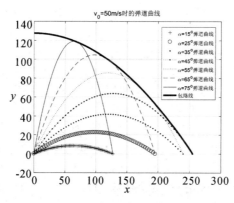

图 11.2 MATLAB 绘制的弹道曲线图

可以得到,当发射角变化时($0°<\alpha<90°$),相应的弹道曲线就形成一族抛物线段,因此式(11.3)或(11.4)可以看作是带有参数 α 的平面曲线族方程 $f(x,y,\alpha)=0$。

2.包络线(安全曲线)方程

在图 11.2 中,对于不同的参数 α(发射角),炮弹的抛物线似乎应该在一条曲线之内,而这条曲线与抛物线族中的所有抛物线都应该相切。这条与抛物线族相切的抛物线称为抛物线族的包络线。包络线内的空中和地面上的点必定在抛物线族中的某条抛物线(弹道曲线)上,而包络线之外的点则不可能在某条弹道曲线上。所以,包络线也称为"安全曲线",即安全曲线外的点是安全的。安全曲线本身并不是某一条弹道曲线,但是安全曲线上的每一点,必有一条也只有一条弹道曲线在该点与它相切。

设某一平面曲线族为 $f(x,y,\alpha)=0$,其中 α 为参数,其包络线 l 如图 11.3 所示。在 l 上任取一点 $P(x,y)$,必有曲线族中某一条曲线 C 与 l 相切于点 P。一旦确定了参数 α 的值,点 P 也就唯一地确定。因此点 P 的坐标是参数 α 的函数,即 $x=x(\alpha),y=y(\alpha)$ 且满足

$$f(x(\alpha),y(\alpha),\alpha)=0 \tag{11.5}$$

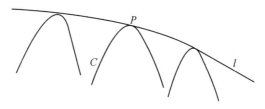

图 11.3 包络线

由式(11.5)知,l 在点 P 的切线斜率为 $\dfrac{dy}{dx}=\dfrac{y'(\alpha)}{x'(\alpha)}$,而曲线 C 在点 P 的切线斜率为 $\dfrac{dy}{dx}=-\dfrac{f_x(x(\alpha),y(\alpha),\alpha)}{f_y(x(\alpha),y(\alpha),\alpha)}$,即有 $\dfrac{y'(\alpha)}{x'(\alpha)}=-\dfrac{f_x(x(\alpha),y(\alpha),\alpha)}{f_y(x(\alpha),y(\alpha),\alpha)}$,整理得

$$f_x(x(\alpha),y(\alpha),\alpha)x'(\alpha)+f_y(x(\alpha),y(\alpha),\alpha)y'(\alpha)=0 \tag{11.6}$$

式(11.5)对 α 求导得

$$f_x(x(\alpha),y(\alpha),\alpha)x'(\alpha)+f_y(x(\alpha),y(\alpha),\alpha)y'(\alpha)+f_\alpha(x(\alpha),y(\alpha),\alpha)=0 \tag{11.7}$$

将式(11.6)代入式(11.7),即得 $f_\alpha(x(\alpha),y(\alpha),\alpha)=0$,结合式(11.5)可得包络线 l 应满足的方程组

$$\begin{cases} f(x,y,\alpha)=0 \\ \dfrac{\partial f}{\partial \alpha}(x,y,\alpha)=0 \end{cases}$$

式(11.4)对 α 求导得

$$(\sec^2\alpha)x-\dfrac{gx^2}{2v_0^2}2\sec\alpha\cdot\sec\alpha\cdot\tan\alpha=0$$

即有 $\tan\alpha=\dfrac{v_0^2}{gx}$,代入式(11.4)得包络线(安全曲线)的方程为

$$y=\dfrac{v_0^2}{2g}-\dfrac{g}{2v_0^2}x^2$$

可得它和 x 正半轴及 y 轴的交点分别为 $\left(\dfrac{v_0^2}{g},0\right)$ 和 $\left(0,\dfrac{v_0^2}{2g}\right)$。

3.禁入区

若取 z 轴与 x 轴及 y 轴构成空间直角坐标系(右手准则),则包络线(安全曲线)所形成的旋转面为

$$y=\dfrac{v_0^2}{2g}-\dfrac{g}{2v_0^2}(x^2+z^2)$$

假设火炮的转向角为 $\left(-\dfrac{\pi}{2},\dfrac{\pi}{2}\right)$,则火炮射击演习禁入区为

$$\Omega=\{(x,y,z)\mid 0\leqslant y\leqslant\dfrac{v_0^2}{2g}-\dfrac{g}{2v_0^2}(x^2+z^2),x\geqslant 0\}$$

取 $v_0=200$ m/s,$g=9.8$ m/s^2,则有 $y=2040.8-0.0001225(x^2+z^2)$,$x>0$,利用 MATLAB 画出禁入区,如图 11.4 所示,安全区为禁入区之外的区域。

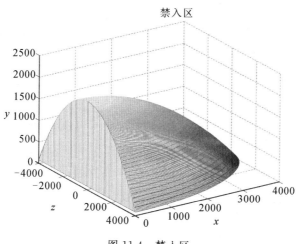

图11.4 禁入区

当 $y=0, z=0$ 时，$x=\pm 4081.6$；当 $y=0, x=0$ 时，$z=\pm 4081.6$；由于 $x>0$，因此画图的范围为 $[0,4081.6]\times[-4081.6,4081.6]$，建立 MATLAB 函数文件 jinruqu.m，代码如下：

```
clc,clear,close all
v0=200;
a=v0^2/9.8/2;
b=9.8/2/v0^2;
c=sqrt(a/b);
[r,theta]=meshgrid([0:100:c],[-pi/2:pi/400:pi/2]);
%用极坐标表示平面网格
x=r.*sin(theta);
y=r.*cos(theta);
z=a-b*r.^2;   %计算曲面的竖坐标
meshz(x,y,z)   %和mesh的区别
xlabel z
ylabel x
zlabel y
title 禁入区
view(56,30)
```

运行程序得到以上参数对应的火炮射击演习的禁入区（图11.4中所示的曲面包含区域之外的空间即为安全区）。

实验练习

1. 用MATLAB绘制出不同发射初速的安全曲线；
2. 分析并建立不同发射初速和不同发射方位角范围的安全曲面。

3.给出任意方位角范围的安全区的解析表示。

实验拓展

讨论如何确定反导防空导弹演习的禁飞区域。

实验 12　篮球的出手速度和角度

实验目的

1.掌握较复杂的实际问题的数学建模以及求解的方法；
2.掌握用常微分方程研究运动物体的轨迹曲线；
3.观察并分析数据的变化对结果的影响。

实验背景

篮球运动既能强身健体，又有很强的趣味性，是深受大家喜爱的一项体育运动。在激烈的篮球比赛中，提高投篮命中率对于获胜无疑起着决定性的作用，投篮的关键在于篮球出手的位置、角度和速度。篮球在空中的轨迹是一条抛物线，如图 12.1 所示，我们只要借助简单的物理学分析就能得出有用的结论。

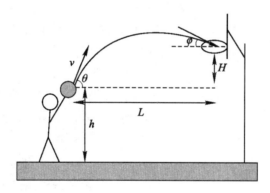

图 12.1　投篮示意图

若用 v 表示篮球出手速度，θ 表示篮球初速度与水平方向的夹角，t 表示时间，H 表示篮圈和出手点之间的竖直高度，L 表示从投篮地点到篮圈的水平距离，则有

$$\begin{cases} L = (v\cos\theta)t \\ H = (v\sin\theta)t - \dfrac{1}{2}gt^2 \end{cases} \tag{12.1}$$

现实中，标准篮圈高度为 3.05 m，假设出手点 $h=2$ m（出手高度会比身高略高），则 $H=1.05$ m。美国职业篮球联赛（National Basketball Association，NBA）的三分线距离篮圈最远的距离是 7.24 m，非专业人士基本不会站得那么远，我们不妨从 $L=5.5$ m 的地方开始练起。那么根据上面的运动方程，可以用计算机软件模拟出投篮命中情况下，出手角度 θ 和出手速度 v 的函数图像如图 12.2 所示。

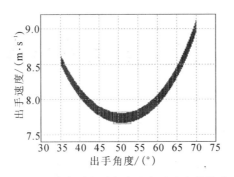

图 12.2 命中时出手角度和出手速度的关系

图 12.2 是出手角度在 30°～75°(正常的出手范围)时对应的可以命中的出手速度。注意到每个出手角度对应的出手速度是一个范围,这是因为这里还考虑了篮圈的尺寸。篮圈的直径 ΔL 大于篮球直径,只要球能达到某个区域就能入网。

根据图 12.2,对于特定的出手角度,我们只需控制好出手速度就可以投中。从图中可以观察到,50°左右的角度是最佳出手角。因为在这片区域,大致相同的出手速度对应的出手角度波动范围最大,也就是说,允许的出手误差最大(因此有较大的调整空间),这个范围的出手角度还对应着最小的出手速度。

保持一个好的出手角度会大大提高命中率。但显然问题还没有解决,因为即使大家有机会把上面的图表打印出来在篮球场上随时查阅,也没有人能精确地按照曲线控制出手角度与速度,大概只有机器人才能准确无误地投出相应的角度和速度。事实上人很难做到对运动进行完全精确的控制,即使是职业球员,在投篮时的出手角度 θ 和速度 v 也会超出上图对应的允许范围,对于业余的我们来说,出手误差无疑更大。所以问题的关键在于,能使篮球仍然进入篮圈的出手误差范围究竟有多大,而为了尽可能地提高命中率,最佳出手角度又到底是多少呢?

实验内容

首先讨论比赛中最简单、但对于胜负也常常是很重要的一种投篮方式——罚球,并且球出手后不考虑球自身的旋转,不考虑碰篮板或篮圈。

如图 12.1,假设 $L=4.6$ m,篮球直径 $d=24.6$ cm,篮圈直径 $D=45.0$ cm。不妨假定篮球运动员的出手高度 h 为 1.8～2.1 m,出手速度 v 为 8.0～9.0 m/s。试研究以下问题:

(1) 先不考虑篮球和篮圈的大小,讨论球心命中圈心的条件。对不同的出手高度 h 和出手速度 v,确定出手角度 θ 和球入篮圈处的入射角度 φ。

(2) 考虑篮球和篮圈的大小,讨论球心命中圈心且球入圈的条件。检查上面得到的出手角度 θ 和球入篮圈处的入射角度 φ 是否符合这个条件。

(3) 为了使球入圈,球心不一定要命中圈心,可以偏前或偏后。讨论保证球入圈的条件下,出手角度允许的最大偏差和出手速度允许的最大偏差。

(4) 考虑空气阻力的影响。由于投篮基本上是水平方向且速度不大的室内运动,可以只计水平方向的阻力,设阻力与速度成正比,比例系数 k 不超过 0.05。

实验指导

1. 不考虑篮球和篮圈大小的情形

不考虑空气阻力的影响，由篮球的运动方程(12.1)可得，球心运动轨迹为如下抛物线

$$H = L\tan\theta - \frac{L^2 g}{2v^2\cos^2\theta} \tag{12.2}$$

将 $L=4.6$，$H=3.05-h$ 代入式(12.2)，就可以得到球心命中圈心的条件

$$\tan\theta = \frac{v^2}{4.6g}\left[1 \pm \sqrt{1 - \frac{2g}{v^2}\left(3.05-h+\frac{4.6^2 g}{2v^2}\right)}\right] \tag{12.3}$$

可以看出，给定出手高度 h 和出手速度 v，有两个出手角度 θ 满足上述条件，而式(12.3)有解的条件为

$$1 - \frac{2g}{v^2}\left(3.05-h+\frac{4.6^2 g}{2v^2}\right) \geqslant 0 \tag{12.4}$$

由式(12.4)可以解得

$$v^2 \geqslant g\left[3.05-h+\sqrt{4.6^2+(3.05-h)^2}\right] \tag{12.5}$$

所以对于给定的出手高度 h，就有使式(12.5)等号成立的最小出手速度 $v_{\min}$，在这个速度下由式(12.3)可得相应的出手角度为

$$\tan\theta = \frac{v^2}{4.6g} \tag{12.6}$$

由式(12.3)计算得到的两个出手角度记为 θ_1, θ_2，且设 $\theta_1 > \theta_2$。

球入篮圈时的入射角度 φ 可由下式得到

$$\tan\varphi = -\frac{dH}{dL}\bigg|_{L=4.6} \tag{12.7}$$

对式(12.2)求导并代入式(12.7)可得

$$\tan\varphi = \tan\theta - \frac{2H}{L} \tag{12.8}$$

再将 $L=4.6$ 和 $H=3.05-h$ 代入式(12.8)，于是对应于出手角度 θ_1, θ_2，有入射角度 φ_1, φ_2，设 $\varphi_1 > \varphi_2$。

需要读者注意的是，$v_{\min}$ 是 h 的减函数，θ_1 是 h 和 v 的增函数，能作出实际解释吗？θ_2 又与 h 和 v 有着什么关系呢？

2. 考虑篮球和篮圈大小的情形

如图12.3所示，篮球直径为 d，篮圈直径为 D。显然，即使球心命中圈心，若入射角 φ 太小，球会碰到圈的近侧 A，不能入圈。

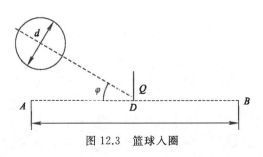

图 12.3 篮球入圈

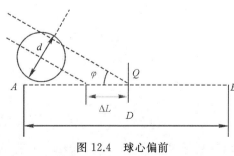

图 12.4 球心偏前

由图 12.3 不难得出，φ 应满足的、球心命中圈心且球入圈的条件为

$$\sin\varphi > \frac{d}{D} \tag{12.9}$$

将 $d = 24.6$ cm，$D = 45.0$ cm 代入式(12.9)得 $\varphi > 33.1°$。

3.考虑篮球和篮圈大小的情形下出手角度和出手速度最大偏差估计

球入筐时球心可以偏离圈心，偏前的最大距离为图 12.4 中的 ΔL，由图可得：

$$\Delta L = \frac{D}{2} - \frac{d}{2\sin\varphi} \tag{12.10}$$

为了得到出手角度允许的最大偏差 $\Delta\theta$，可以在式(12.3)中以 $4.6 \pm \Delta L$ 代替 ΔL 重新计算，但是由于 ΔL 包含 φ，从而也包含 θ，所以这种方法不能解析地求出 ΔL。

如果从式(12.2)出发并将 $H = 3.05 - h$ 代入，可得

$$H = \frac{L^2 g}{2v^2\cos^2\theta} - L\tan\theta + 3.05 - h = 0 \tag{12.11}$$

对式(12.11)关于 θ 求导并取 $L = 4.6$，则有

$$\frac{dL}{d\theta} = \frac{4.6(v^2 - 4.6g\tan\theta)}{4.6g - v^2\sin\theta\cos\theta} \tag{12.12}$$

用 $\frac{\Delta L}{\Delta\theta}$ 近似左边的导数，即可得到出手角度的偏差 $\Delta\theta$ 与 ΔL 的关系如下

$$\Delta\theta = \frac{4.6g - v^2\sin\theta\cos\theta}{4.6(v^2 - 4.6g\tan\theta)} \Delta L \tag{12.13}$$

由 $\Delta\theta$ 和已经得到的 θ 也容易计算相对偏差 $\left|\frac{\Delta\theta}{\theta}\right|$。

类似地，对式(12.11)关于 v 求导并取 $L = 4.6$，可得出手速度允许的最大偏差为

$$\Delta v = \frac{4.6g - v^2\sin\theta\cos\theta}{4.6^2 g} v\Delta L \tag{12.14}$$

由式(12.13)和(12.14)可得 v 的相对偏差为

$$\left|\frac{\Delta v}{v}\right| = \left|\Delta\theta\left(\frac{v^2}{4.6g} - \tan\theta\right)\right| \tag{12.15}$$

利用式(12.13)，可以计算出手角度最大偏差 $\Delta\theta$ 和 $\frac{\Delta\theta}{\theta}$；再利用式(12.14)、(12.15)可以计算出手速度的最大偏差 Δv 和 $\frac{\Delta v}{v}$。

4.考虑空气阻力的影响

按照篮球运动的特点可以只考虑水平方向的阻力，且阻力与速度成正比，比例系数为 k，这时水平方向的运动可由微分方程

$$\begin{cases} L'' + kL' = 0 \\ L(0) = 0 \\ L'(0) = v\cos\theta \end{cases} \tag{12.16}$$

来描述，其解为

$$L(t) = v\cos\theta \frac{1-e^{-kt}}{k} \tag{12.17}$$

因为阻力不大($k \leqslant 0.05$),时间也很短(约1 s),所以将式(12.17)中e^{-kt}作泰勒展开后忽略二阶以上项得到(不考虑竖直方向的阻力,故H仍与式(12.1)相同)

$$\begin{cases} L = (v\cos\theta)t - \dfrac{vkt^2\cos\theta}{2} \\ H = (v\sin\theta)t - \dfrac{1}{2}gt^2 \end{cases} \tag{12.18}$$

在不考虑篮球和篮圈大小时,球心命中圈心的条件由方程组

$$\begin{cases} (v\cos\theta)t - \dfrac{vkt^2\cos\theta}{2} - 4.6 = 0 \\ (v\sin\theta)t - \dfrac{1}{2}gt^2 - (3.05 - h) = 0 \end{cases} \tag{12.19}$$

所确定。

设空气阻力系数$k=0.05$,出手高度h的取值范围为1.8~2.1 m,出手速度v的取值范围8.0~9.0 m/s,代入式(12.19)计算出手速度。由于式(12.19)是非线性方程组,可用MATLAB的fsolve命令求解。首先建立函数文件touqiu.m,代码如下:

```
function f=touqiu(L,v,g,k,h)
f(1)=v*L(1)*L(2)-k*v*L(1)*L(2)^2/2-4.6;        % L(1)=cosθ, L(2)=t
f(2)=v*sqrt(1-L(1)^2)*L(2)-g*L(2)^2/2-(3.05-h);
```

然后建立脚本文件jiaodu.m,代码如下:

```
clc,clear
g=9.8;
k=0.05;      % 空气阻力系数
L0=[0.4 1];
for i=1:3
    v=8+(i-1)*0.5;
    for j=1:4
        h=1.8+(j-1)*0.1;
        x=fsolve(@touqiu,L0,[],v,g,k,h);
        JD(i,j)=acos(x(1))*180/pi;       % x(1)=cos theta
    end
end
JD           % 所求的出手角度
```

运行结果如下:

```
JD =
    60.7869    61.6100    62.3017    62.9012
    66.5718    66.9243    67.2504    67.5540
    70.1197    70.3328    70.5352    70.7279
```

事实上,程序输出值JD即为出手角度θ_1。如取初值L0=[0.7,1],可以得到角度θ_2。

实验练习

在上述讨论的基础上,研究下列问题:

若不考虑篮球和篮圈大小,也不考虑空气阻力的影响,则:

(1) 列表给出取不同的出手高度 h 时球命中圈心的最小出手速度 $v_{\min}$ 和相应的出手角度 θ,并讨论 $v_{\min}$ 和出手高度 h 的关系。

(2) 列表给出不同的出手高度 h 和出手速度 v 时对应的出手角度 θ 和球入篮筐处的入射角度 φ,分析出手速度和出手高度对出手角度的影响,讨论并解释 θ 和 h、v 的关系。

若考虑篮球和篮圈的大小,不考虑空气阻力的影响,则:

(3) 检查(2)中得到的出手角度 θ 和球入篮圈处的入射角度 φ 是否符合篮球命中圈心的条件。

(4) 列表计算出手角度 θ 和出手速度 v 的最大偏差,并根据数据分析出手速度和出手高度对允许误差的影响。

(5) 作出相对速度误差 $\dfrac{\Delta v}{v}$ 与角度 θ 的函数关系图,以及相对出手角度调整范围 $\Delta\theta/\theta$ 与角度 θ 的函数关系图,并根据图像给出结论。

若考虑空气阻力的影响下,则:

(6) 列表比较对同样的出手速度和高度,空气阻力对出手角度和允许偏差的影响。

实验拓展

1. 若出手高度和角度固定,考察阻力对出手速度的影响。

2. 赛场上,球员投篮时往往是跳投。对于普通的原地跳投,依然可以用上面的方法来分析,球员保持 L 不变,随着出手点的升高,允许的速度误差和出手角范围也会随之增大。就是说,跳投能够提高命中率,并且跳得越高越容易得分。试分析跳投对出手角度和出手速度的要求,并与定点投球进行比较。

3. 除了原地跳投,赛场上另一种常见的投篮方式则是以迈克尔·乔丹(Michael Jordan)为代表人物的后仰跳投。后仰跳投实际上相当于增大了投篮位置与篮圈的水平距离 L,为了计算后仰对命中率的影响,不计空气阻力的情况下,通过作出 $\dfrac{\Delta v}{v}$ 与 $\dfrac{\Delta \theta}{\theta}$ 关于 L 的曲线(可取 $H = 0.8 \text{ m}$),分析后仰跳投带来的允许误差的变化。

实验 13　用最速下降法求多元函数极小值

实验目的

1. 掌握最速下降法的原理,会用最速下降法求多元函数的无约束极小值;
2. 理解约束极值的概念,会用最速下降法求多元函数的约束极值;
3. 理解最速下降法中方向和步长的意义,了解最速下降法的局限性;
4. 会使用 MATLAB 的 fminunc 函数求多元函数的极小值。

实验背景

多元函数的极值求解问题在生产实践、科学研究和作战运用,甚至机器学习等的应用中非常普遍。虽然可以通过计算多元函数的驻点及驻点处的二阶导数矩阵的正定性来判定函数在驻点处是否取得极值,但是求解多元函数驻点则需要求解一个复杂的多元方程组,这通常是很困难的。非线性方程或超越方程的方程组,难以求出其精确解。而在科学研究和工程实践中,多元函数是离散的数值表示,没有相应的解析表达式,如何快速准确地计算出多元函数的极值或最值是目前尚未完全解决的计算难题。

本实验引入多元函数的梯度,以加快计算速度,改进搜索精度,介绍了如何利用最速下降法求多元函数的极小值。

实验内容

多元函数的极值分为无约束极值和约束极值,通过二元函数的等值线图和梯度的几何图形分析,理解最速下降法的基本原理;在给定初始点(0,0)时,用最速下降法求函数 $f(x_1,x_2)=\frac{3}{2}x_1^2+\frac{1}{2}x_2^2-x_1x_2-2x_1$ 和 $f(x,y)=100(x-y)^2+(y-1)^2$ 的最小值,精度为 0.01,并画出函数的等值线,写出迭代的过程;用最速下降法求斜边长度为 $l=100$ 的周长最小的直角三角形。

实验指导

1. 多元函数的极小值与梯度

函数 $f:\mathbf{R}^n\to\mathbf{R}$ 在 $X^{(0)}=(x_1^{(0)},x_2^{(0)},\cdots,x_n^{(0)})\in\mathbf{R}^n$,对于 $X^{(0)}$ 的去心邻域 $\overset{\circ}{U}(X)$ 有:$f(X^{(0)})<f(X),\forall X\in\overset{\circ}{U}(X)$,称 $X^{(0)}$ 为函数 $f(X)$ 的极小值点,$f(X^{(0)})$ 称为极小值。

若函数 $f:\mathbf{R}^n\to\mathbf{R}$ 可微,称 $\nabla f=\left(\dfrac{\partial f}{\partial x_1},\dfrac{\partial f}{\partial x_2},\cdots,\dfrac{\partial f}{\partial x_n}\right)$ 为函数在 $X=(x_1,x_2,\cdots,x_n)$ 的梯度,梯度是一个由偏导数组成的向量。显然,当 $X^{(0)}$ 为函数 $f(X)$ 的极小值点时,$\nabla f|_{X=X^{(0)}}=\mathbf{0}$。

2. 最速下降法基本原理

最速下降法又称为梯度法，是1847年由著名数学家柯西(Cauchy)给出的。它是解析法中的经典，是最优化方法的基础，现在最优化的很多方法都是以它为基础发展而来的，例如贪婪算法、共轭梯度法等。最速下降法在机器学习、人工智能以及函数最优化中有着广泛的应用。

设无约束问题中的目标函数 $f:\mathbf{R}^n \to \mathbf{R}$ 一阶连续可微。

最速下降法的基本思想：从当前点 $X^{(k)}$ 出发，取函数 $f(X)$ 在点 $X^{(k)}$ 处下降最快的方向作为搜索方向 $p^{(k)}$。由 $f(X)$ 的泰勒展开式知：

$$f(X^{(k)}) - f(X^{(k)} + \lambda p^{(k)}) = -\lambda (\nabla f(X^{(k)}))^T p^{(k)} + o||\lambda p^{(k)}||。$$

略去 λ 的高阶无穷小项不计，可见取 $p^{(k)} = -\nabla f(X^{(k)})$ 时，函数值下降得最多，即最速下降的方向是负梯度方向。于是，构造出最速下降法的迭代步骤：

(1) 选取初始点 $X^{(0)}$，给定终止误差 $\varepsilon_r > 0$，令 $k=0$；

(2) 计算 $\nabla f(X^{(k)})$，若 $||\nabla f(X^{(k)})|| < \varepsilon_r$，停止迭代，输出 $X^{(k)}$。否则进行下一步；

(3) 取 $p^{(k)} = -\nabla f(X^{(k)})$；

(4) 求 λ_k，使得 $f(X^{(k)} + \lambda_k p^{(k)}) = \min\limits_{\lambda > 0} f(X^{(k)} + \lambda p^{(k)})$。令 $X^{(k+1)} = X^{(k)} + \lambda_k p^{(k)}$，$k = k+1$，转(2)。

当最速下降法迭代终止时，求得的是目标函数驻点的一个近似点。

例 13.1 求 $f(x_1, x_2) = x_1 - x_2 + 2x_1^2 + 2x_1 x_2 + x_2^2$ 的最小值。

函数 $f(x_1, x_2)$ 的梯度为

$$\nabla f = (1 + 4x_1 + 2x_2, -1 + 2x_1 + 2x_2)$$

取 $X^{(0)} = (x_1^{(0)}, x_2^{(0)}) = (0, 0)$，误差 $\varepsilon_r = 0.01$，

$$p^{(0)} = -\nabla f(X^{(0)}) = (-1, 1)$$

令步长为 λ，则

$$X^{(0)} + \lambda p^{(0)} = (0, 0) + \lambda(-1, 1) = (-\lambda, \lambda)$$

求函数 $f(X^{(0)} + \lambda p^{(0)}) = -\lambda - \lambda + 2(-\lambda)^2 + 2\lambda(-\lambda) + \lambda^2 = -2\lambda + \lambda^2$ 的最小值，得 $\lambda = 1$，令

$$\lambda_0 = 1, X^{(1)} = X^{(0)} + \lambda_0 p^{(0)} = (0, 0) + (-1, 1) = (-1, 1)$$

类似地，进行第二次迭代。

$$\nabla f(X^{(1)}) = (-1, -1), ||\nabla f(X^{(1)})|| = \sqrt{2} > 0.01$$

令 $p^{(1)} = -\nabla f(X^{(1)}) = (1, 1)$，则

$$X^{(1)} + \lambda p^{(1)} = (-1, -1) + \lambda(1, 1) = (\lambda - 1, \lambda + 1)$$

$f(X^{(1)} + \lambda p^{(1)}) = (\lambda - 1) - (\lambda + 1) + 2(\lambda - 1)^2 + 2(\lambda - 1)(\lambda + 1) + (\lambda + 1)^2 = 5\lambda^2 - 2\lambda - 1$

求函数 $f(X^{(1)} + \lambda p^{(1)}) = -2\lambda + 5\lambda^2$ 的最小值，得 $\lambda = 0.2$，令

$$\lambda_1 = 0.2, X^{(2)} = X^{(1)} + \lambda_1 p^{(1)} = (-1, 1) + 0.2(1, 1) = (-0.8, 1.2)$$

类似地，进行第三次迭代。

$$\nabla f(X^{(2)}) = (0.2, -0.2), ||\nabla f(X^{(2)})|| \approx 0.2828 > 0.01$$

令 $p^{(2)} = -\nabla f(X^{(2)}) = (-0.2, 0.2)$，$X^{(2)} + \lambda p^{(2)} = (-0.8, 1.2) + \lambda(-0.2, 0.2) = (-0.8 - 0.2\lambda, 1.2 + 0.2\lambda)$；求函数 $f(-0.8 - 0.2\lambda, 1.2 + 0.2\lambda)$ 的最小值得 λ_2，重复以上步骤直到满足条件 $||\nabla f(X^{(k)})|| < 0.01$，输出 $X^{(k)}$。

本例中最小值点为$(-1,1.5)$,最小值为$f(-1,1.5)=-1.25$。

具体求解 $X^{(k)}$ 的 MATLAB 程序如下:

```matlab
% 建立 M 函数 Steepest_Descent_Method.M,做迭代计算
function [x_mat ,x,iter,val,dval] = Steepest_Descent_Method(x,eps)
% 输入参数 x:初值,eps:误差
% 输出参数 x:极小值点,iter:迭代次数,val:目标函数在 x 处的函数值,dval:目标函数在 x 处的梯度
k = 1;
dy = grad_obj(x);
x_mat(:,1) = x;                    % 存储每一次迭代得到的点 x
while norm(dy)>eps
    d = -dy;                       % 搜索方向
    lambda = line_search(x,d);     % 步长
    x = x + d * lambda;
    k = k + 1;
    x_mat(:,k) = x;
    dy = grad_obj(x);
end
iter = k - 1;                      % 迭代次数
val = obj(x);                      % 目标函数在极值点处的函数值
dval = grad_obj(x);                % 目标函数在极值点处的梯度
end


% 建立 M 函数 obj.M
function y = obj(x)
y = x(1)-x(2)+2 * x(1).^2 +2 * x(1).* x(2) +x(2).^2;
end


% 建立 M 函数 grad_obj.M
function dy = grad_obj(x)
dy = [4 * x(1) + 2 * x(2) + 1; 2 * x(1) + 2 * x(2) - 1];
end


% 建立 M 函数 line_search.M
function lambda = line_search(xk,dk)
% 做线搜索,求步长
% phi(lambda) = obj( xk + lambda * dk )
% d_phi(lambda) = dk' * grad_obj( xk + lambda * dk )
syms eqn lambda
```

```
eqn = dk' * grad_obj(xk+lambda * dk);
lambda = solve(eqn);            %用符号计算命令 solve 求方程 d_phi(\lambda)=0 的根
lambda = eval(lambda);          %将符号计算的结果转化为数值类型
end
x1 = linspace(-2,2,80);
x2 = linspace(-2,2,80);
[xx,yy] = meshgrid(x1,x2);
for i = 1:length(x1)
  for j = 1:length(x2)
    z(i,j) = obj([xx(i,j);yy(i,j)]);
  end
end
contour(xx,yy,z,10);            %画出目标函数的等高线
hold on
x = [0;0];
eps = 0.01;
[x_mat,x,iter,val,dval] = Steepest_Descent_Method(x,eps)
plot(x_mat(1,:),x_mat(2,:),'-o')  %画出最速下降法的迭代路径
hold off
```

运行结果如下：

x_mat =

0 −1.0000 −0.8000 −1.0000 −0.9600 −1.0000 −0.9920 −1.0000 −0.9984

0   1.0000   1.2000   1.4000   1.4400   1.4800   1.4880   1.4960   1.4976

x = [−0.9984; 1.4976], iter = 8, val = −1.2500, dval = [0.0016; −0.0016]。

运算结果和解析计算结果很相近，画出的迭代路径如图 13.1 所示。

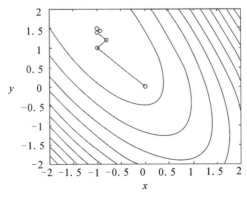

图 13.1 等高线及迭代路径

在最速下降法中计算每次迭代的最优步长需要求解方程或方程组，依然是一个很困难的问题。在一般情况下，当用最速下降法寻找极小值点时，其搜索路径呈直角锯齿状。在开始几

步,目标函数下降较快;但在极小值点时,收敛速度就不理想了。特别当目标函数的等值线为比较扁平的椭圆时,收敛就更慢了。因此,在实用中经常将最速下降法和其他方法联合使用,在前期使用最速下降法,而在接近极小值点时,可以改用收敛较快的其他方法。

3. MATLAB 中的 fminunc 函数

fminunc 函数是 MATLAB 提供的一个求无约束多变量函数在初始点附近的极小值的函数,其调用格式如下:

x=fminunc(fun,x0);
x=fminunc(fun,x0,options);
x=fminunc(fun,x0,options,p1,p2,…);
[x,fval]=fminunc(fun,x0,options,p1,p2,…);
[x,fval,exitflag]=fminunc(fun,x0,options,p1,p2,…);
[x,fval,exitflag,output]=fminunc(fun,x0,options,p1,p2,…);
[x,fval,exitflag,output,grad]=fminunc(fun,x0,options,p1,p2,…);
[x,fval,exitflag,output,grad,hessian]=fminunc(fun,x0,options,p1,p2,…);

输入参数:fun,要优化的目标函数;x0,迭代计算的初始点;options,设置优化选项参数,共有 18 个元素包含了优化程序中需要用到的参数,所有的优化函数都要用到这个参数向量,其中某些优化函数只用到向量的某些元素,一般格式为

options=optimset( )

更详细的说明请参考 MATLAB 中的函数说明。

输出参数:x,极小值点;fval,返回目标函数在最优解 x 点的函数值;exitflag,返回算法的终止标志,exitflag>0 说明目标函数收敛于解,exitflag<0 说明目标函数不收敛于解,exitflag=0 说明目标函数振荡;output,返回优化算法信息的一个数据结构,一般会显示迭代次数、目标函数的计算次数、最后一次迭代的步长、解出的一阶导数、采用的优化算法;grad,返回目标函数在最优解 x 点的梯度;hessian,返回目标函数在最优解 x 点的黑塞(Hessian)矩阵值。

例如:求函数 $f(x_1,x_2)=x_1-x_2+2x_1^2+2x_1x_2+x_2^2$ 在(0,0)附近的极小值,程序如下:

```
function f = objfun(x)        % 建立求极小值的函数
f = x(1)-x(2)+2*x(1).^2 +2*x(1).*x(2) +x(2).^2;        % 目标函数
end
% 设置 options 选项以使用"quasi-newton"算法
options= optimoptions(@fminunc,'Algorithm','quasi-newton');
x0= [-1,1];                                            % Starting guess
[x, fval, exitflag, output] = fminunc(@objfun,x0,options);    % 调用 M 函数
```

运行结果如下:

Local minimum found.

Optimization completed because the size of the gradient is less than the default value of the optimality tolerance.

<stopping criteria details>

x =   -1.0000   1.5000

fval =   -1.2500

exitflag = 1
output =
包含以下字段的 struct：
iterations：3
funcCount：15
stepsize：0.3051
lssteplength：1
firstorderopt：1.7881e－07
algorithm：'quasi－newton'
message：'Local minimum found. Optimization completed because the size of the gradient is less than the default value of the optimality tolerance.

Stopping criteria details：Optimization completed：The first‐order optimality measure, 8.940697e‐08, is less than options.

OptimalityTolerance = 1.000000e－06.
Optimization Metric
Options relative norm(gradient) = 8.94e－08
OptimalityTolerance = 1e－06 (default)'Local minimum found.

实验练习

1.归纳总结出最速下降法求函数极值的算法步骤,试设计出用最速下降法求函数最大值和最小值的算法。

2.编写最速下降法求函数极小值的程序,并完成实验内容。

3.利用最速下降法在初始点分别为$(0.5,0.5)$、$(-0.5,0.5)$、$(0.5,-0.5)$和$(-0.5,-0.5)$时,求函数$f(x,y)=x^4+y^4-4xy+1$的极小值,精度为0.01,并列表或画图表示每次迭代计算的结果。

实验拓展

1.对于二元离散函数设计一个利用最速下降法求极小值的方法。

2.利用最速下降法在初始点分别为$(-0.5,0.5)$、$(0.5,-0.5)$、$(-0.4,-0.3)$、$(1.74,2)$、$(1.77,2)$时,求函数$f(x,y)=x^4+5x^2-10x^2y+4y^2+2y^4+2$的极小值,精度为0.01;并分析影响最速下降法计算效率的因素,试提出改进的方法。

实验 14　多项式拟合的最小二乘法

实验目的

1. 理解最小二乘法的基本原理和拟合的概念；
2. 会用 MATLAB 中的函数进行多项式拟合；
3. 了解最小二乘曲面拟合的概念和方法，会用 MATLAB 中的命令实现样条曲面拟合；
4. 了解非线性曲线拟合的概念和实现方法。

实验背景

很多自然现象和工程问题的物理结构和作用机理均很复杂，要研究几个因素的变化关系时常会先通过测量得到一组数据，然后从数据的数量关系上建立这些因素间的解析关系式，以预测或计算出一些未测量点的因素值。比如，通过采集某个地区过去几年的人口数量，建立人口与时间的关系，进而计算某个时刻该地区的人口数量。又比如通过测量某种材料在一些温度的电阻值，建立该材料电阻随温度变化的关系式的通常的方法是找到一个连续的函数（也就是曲线）或者更加密集的离散方程与已知数据相吻合，这个过程就叫做数据拟合，其中最著名的方法称为最小二乘法。

最小二乘法是法国数学家勒让德(Legendre)于 1805 年在其著作《计算慧星轨道的新方法》中提出的。其主要思想就是由一组观测数据确定某类已知函数中的未知参数，使得函数的计算值与观测值之差（即误差，或者说残差）的平方和达到最小。

当确定的已知函数是多项式时，由观测值确定的多项式就称为拟合多项式。例如根据一组不同的观测数据 (x_i, y_i), $i=0,1,\cdots,n$ 和某个多项式：

$$y = \sum_{j=0}^{m} a_j x^j \ (m < n)$$

确定多项式系数 $a_j (j=0,1,\cdots,m)$ 使

$$Er = \sum_{i=1}^{n} (y_i - \sum_{j=0}^{m} a_j x_i^j)^2$$

最小。

根据多元函数极值的必要条件，则必有

$$\frac{\partial Er}{\partial a_j} = 0 \ (j=0,1,\cdots,m)$$

解方程组得到多项式的系数 $a_j(j=0,1,\cdots,m)$。当 $m=1$ 时，拟合多项式为 1 次，称为最小二乘线性拟合。当 $m=n$ 时，拟合多项式为 n 次，最小二乘拟合多项式就变成了插值多项式。

实验内容

1. 用 polyfit、plotval 函数分别对一组数据进行线性、2 次、3 次、4 次多项式拟合，并计算出这些多项式在观察点的新数值；

2.用 plot 函数画出这些多项式,比较这些多项式在观测点的函数值,并进行非线性拟合、曲面拟合。

实验指导

1.MATLAB 语言中的多项式拟合命令

1)polyfit 函数

①用 polyfit 函数对数据拟合得到一个按降幂排列的多项式,调用格式如下:

p = polyfit(x,y,m)

调用参数 x,y 是两个 n 维的向量,m 为需拟合的多项式的次数,返回参数 p 是次数为 m 的多项式 p(x) 的系数,按降幂排列,p 的长度为 m+1,即

$$a_1 x^m + a_2 x^{m-1} + \cdots + a_n x + a_{n+1}$$

②用 polyfit 函数返回一个多项式和一个结构体 S,后者可用作 polyval 的输入来获取误差估计值,调用格式如下:

[p,S] = polyfit(x,y,m)

③用 polyfit 函数返回多项式 p 结构体 S 和向量 mu,mu 是一个二元素向量,包含中心化值和缩放值。mu(1) 是 x 的均值 $\bar{x}$,mu(2) 是 x 的标准差 σ_x。使用这些值时,polyfit 将 x 的中心置于零值处并缩放为具有单位标准差

$$\hat{x} = \frac{x - \bar{x}}{\sigma_x}$$

这种中心化和缩放变换可同时改善多项式和拟合算法的数值属性。调用格式如下:

[p,S,mu] = polyfit(x,y,m)

2)polyval 函数

用 polyval 函数计算一个按降幂排列的多项式在一些点处的函数值。调用格式如下:

y=polyval(p,x)

计算多项式的函数值,返回在 x 处多项式的值,其中 p 为多项式系数,多项式按降幂排序。

例 14.1 在正弦函数 $\sin x$ 表示的曲线的区间 $[0, 4\pi]$ 上均匀取 10 个点,使用 polyfit 拟合一个 7 次多项式,并将这个 7 次多项式和 $\sin x$ 的绘图比较。

程序如下,运行结果如图 14.1 所示。

```
x=linspace(0,4*pi,10);
y=sin(x);
a=polyfit(x,y,7);
x1=linspace(0,4*pi);
y1=polyval(a,x1);
y2=sin(x1);
figure
plot(x1,y2,'r-')
hold on
grid on
plot(x,y,'ro')
```

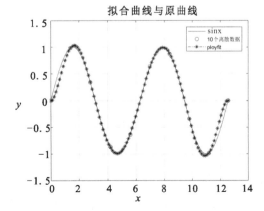

图 14.1 拟合多项式与 $\sin x$ 的比较

```
plot(x1,y1,'b-.*')
```
title 拟合曲线与原曲线
legend('sinx','10 个离散数据','ployfit')

例 14.2 一个地区从 1750—2000 年中每隔 25 年的人口数据如表 14.1 所示。

表 14.1 某地区人口数据

年份	1750	1775	1800	1825	1850	1875	1900	1925	1950	1975	2000
人口/百万	791	856	978	1050	1262	1544	1650	2532	6122	8170	11560

绘制该地区的人口变化曲线。

解 图 14.2 是人口的散点图。绘图命令如下：
[p,S,mu] = polyfit(year, pop, 5)

这里拟合一个使用中心化和缩放的 5 次多项式，这将改善问题的数值属性。

polyfit 将 year 中的数据以 0 为中心进行中心化，并缩放为具有标准差 1，这可避免在拟合计算中出现病态的范德蒙矩阵。命令如下：
f = polyval(p,year,[],mu)

根据缩放后的年份(year−mu(1))/mu(2)，计算 p。

绘制结果如图 14.3 所示，程序代码如下：
```
year = (1750:25:2000)';
pop = 1e6 * [791 856 978 1050 1262 1544 1650 2532 6122 8170 11560]';
plot(year,pop,'o')
```
title 原始数据散点图
```
pause
[p,~,mu] = polyfit(year, pop, 5);
f = polyval(p,year,[],mu);
hold on
plot(year,f)
```
title 数据拟合图
```
hold off
```

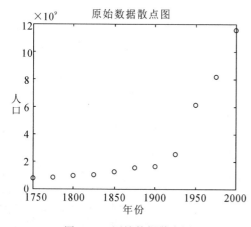

图 14.2 原始数据散点图

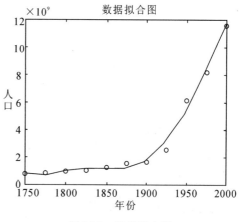

图 14.3 数据拟合图

2.转化为线性拟合的非线性模型

在一些数据的拟合中往往需要根据数据的离散程度或经验观察,得到这组数据所满足某种参数未确定的解析模型,再通过最小二乘法来确定这些模型中的参数,但方程组的求解比较繁琐;另外解决的方法就是对数据进行一定的处理转化为线性关系,进行线性拟合,如表 14.2 所示。

表 14.2 模型转化关系

模型形式	变换后形式	变量和参数的变化			
		Y	X	a_1	a_2
$y=\dfrac{ax}{1+bx}$	$\dfrac{1}{y}=\dfrac{1}{ax}+\dfrac{b}{a}$	$\dfrac{1}{y}$	$\dfrac{1}{x}$	$\dfrac{1}{a}$	$\dfrac{b}{a}$
$y=\dfrac{a}{x-b}$	$\dfrac{1}{y}=\dfrac{x}{a}-\dfrac{b}{a}$	$\dfrac{1}{y}$	x	$\dfrac{1}{a}$	$-\dfrac{b}{a}$
$y=\dfrac{ax}{b^2-x^2}$	$\dfrac{x}{y}=\dfrac{b^2}{a}-\dfrac{x^2}{a}$	$\dfrac{y}{x}$	x^2	$-\dfrac{1}{a}$	$\dfrac{b^2}{a}$
$y=ax^b$	$\ln y=b\ln x+\ln a$	$\ln y$	$\ln x$	$\ln a$	b
$y=ae^{bx}$	$\ln y=bx+\ln a$	$\ln y$	x	$\ln a$	b
$y=ae^{-x^2/b^2}$	$\ln y=-\dfrac{x^2}{b^2}+\ln a$	$\ln y$	x^2	$\ln a$	$-\dfrac{1}{b^2}$
$\dfrac{x^2}{a^2}+\dfrac{y^2}{b^2}=1$	$y^2=b^2-\dfrac{b^2}{a^2}x^2$	y^2	x^2	$-\dfrac{b^2}{a^2}$	b^2

例 14.3 用最小二乘法求一个形如 $y=a+bx^2$ 的经验公式,使其拟合表 14.3 数据:

表 14.3 拟合数据表

x	19	25	31	38	44
y	19.0	32.3	49.0	73.3	97.8

解 程序代码如下:

```
x=[19 25 31 38 44];
y=[19.0 32.3 49.0 73.3 97.8];
x1=x.^2;x1=[ones(5,1),x1'];
ab=x1\y';
ab
x0=[19:0.2:44];
y0=ab(1)+ab(2)*x0.^2;
plot(x,y,'o'),
hold on,
plot(x0,y0,'-r')
```

上述数据拟合的曲线如图 14.4 所示,程序

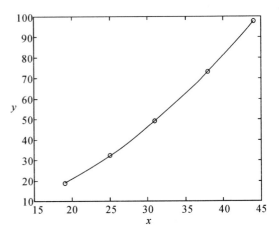

图 14.4 表 14.3 中数据拟合的曲线图

运行结果如下：

ab =   0.9726   0.0500

MATLAB 提供了两个求解命令：curvefit 和 leastsq，对任意非线性函数 $f(x)$ 进行最小二乘拟合。二者都要事先定义 M-函数文件，但定义方式稍有不同：

p=curvefit('Fun',p0,xdata,ydata, options)，

M-函数为 fun(p,xdata)。

p=leastsq ('Fun',p0,options)，

M-函数为 fun(p,xdata,ydata)。

这里的 fun 已经与数据点的函数向量 ydata 作差。其中 fun 表示函数 fun(p,data) 的 M-函数文件，p0 表示函数的初值。curvefit() 命令的求解问题形式是最小二乘解，若要求解点 x 处的函数值可用命令 f=fun(p,x) 计算。

例 14.4 在化学反应中，为研究某化合物的浓度随时间变化的规律，测得一组数据如表 14.4 所示。

表 14.4 某化合物浓度随时间变化数据

t/min	1	2	3	4	5	6	7	8
y	4	6.4	8.0	8.4	9.28	9.5	9.7	9.86
t/min	9	10	11	12	13	14	15	16
y	10	10.2	10.32	10.42	10.5	10.55	10.58	10.6

试利用二次多项式拟合表 14.4 中数据，并求出具体的表达式。

MATLAB 程序如下：

```
t=[1:16];                    % 数据输入
y=[4 6.4 8 8.4 9.28 9.5 9.7 9.86 10 10.2 10.32 10.42 10.5 10.55 10.58 10.6];
plot(t,y,'o')                % 画散点图
p=polyfit(t,y,2)             % 二次多项式拟合
hold on
xi=linspace(0,16,160);       % 在[0,16]等间距取 160 个点
yi=polyval(p,xi);            % 由拟合得到的多项式及 xi,确定 yi
plot(xi,yi)                  % 画拟合曲线图
```

运行的结果：

p= −0.0445 1.0711 4.3252

p 的值表示二阶拟合得到的多项式为

$$y = -0.0445t^2 + 1.0711t + 4.3252$$

拟合曲线如图 14.5 所示。

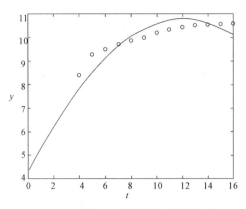

图 14.5　表 14.4 中数据拟合曲线图

3.空间曲面的拟合

在工程设计和计算中常常需要对一些离散的结点进行曲面拟合,常用曲面拟合有样条拟合和最小二乘拟合。

1) 样条拟合

例 14.5　要在某山区方圆大约 27 km^2 范围内修建一条公路,从山脚出发经过一个居民区,再到达一个矿区。横向、纵向分别每隔 400 m 测量一次,得到一些地点的高程:平面区域 $0 \leqslant x \leqslant 5600, 0 \leqslant y \leqslant 4800$,作出该山区的地貌图和等高线图。

解　用样条拟合方法作图,首先对原数据进行整理,拟合的代码如下:

x0=2.2:0.1:7;
y0=10:5:30;
z0=[0.0121   0.0118   0.0129   0.1098   0.0103
     0.0116   0.0116   0.0124   0.1007   0.0111
     0.0110   0.0113   0.0120   0.0914   0.0119
     0.0105   0.0111   0.0116   0.0820   0.0128
     0.0099   0.0109   0.0112   0.0726   0.0136
     0.0094   0.0107   0.0108   0.0635   0.0144
     0.0090   0.0105   0.0105   0.0547   0.0151
     0.0085   0.0104   0.0101   0.0465   0.0158
     0.0081   0.0102   0.0098   0.0391   0.0164
     0.0078   0.0101   0.0096   0.0325   0.0170
     0.0075   0.0100   0.0094   0.0270   0.0174
     0.0073   0.0099   0.0092   0.0228   0.0177
     0.0072   0.0099   0.0091   0.0200   0.0179
     0.0071   0.0098   0.0091   0.0187   0.0180
     0.0071   0.0098   0.0091   0.0183   0.0180
     0.0071   0.0098   0.0091   0.0179   0.0180

```
    0.0071    0.0098    0.0091    0.0176    0.0180
    0.0072    0.0099    0.0091    0.0172    0.0180
    0.0072    0.0099    0.0091    0.0169    0.0180
    0.0072    0.0099    0.0091    0.0165    0.0180
    0.0072    0.0099    0.0091    0.0162    0.0180
    0.0072    0.0099    0.0091    0.0159    0.0180
    0.0073    0.0099    0.0091    0.0156    0.0179
    0.0073    0.0100    0.0092    0.0154    0.0179
    0.0074    0.0100    0.0092    0.0151    0.0178
    0.0075    0.0101    0.0093    0.0149    0.0178
    0.0076    0.0101    0.0093    0.0147    0.0177
    0.0077    0.0102    0.0094    0.0144    0.0177
    0.0078    0.0102    0.0095    0.0142    0.0176
    0.0079    0.0103    0.0095    0.0140    0.0175
    0.0081    0.0104    0.0096    0.0139    0.0174
    0.0082    0.0105    0.0097    0.0137    0.0173
    0.0084    0.0106    0.0099    0.0135    0.0171
    0.0086    0.0107    0.0100    0.0134    0.0170
    0.0089    0.0108    0.0101    0.0133    0.0168
    0.0091    0.0109    0.0103    0.0131    0.0166
    0.0094    0.0111    0.0105    0.0130    0.0164
    0.0097    0.0112    0.0107    0.0129    0.0162
    0.0100    0.0114    0.0109    0.0128    0.0160
    0.0104    0.0115    0.0111    0.0128    0.0157
    0.0108    0.0117    0.0114    0.0127    0.0155
    0.0112    0.0119    0.0116    0.0126    0.0152
    0.0116    0.0121    0.0119    0.0126    0.0148
    0.0121    0.0123    0.0122    0.0125    0.0145
    0.0126    0.0126    0.0126    0.0125    0.0141
    0.0131    0.0128    0.0129    0.0125    0.0138
    0.0137    0.0131    0.0133    0.0125    0.0133
    0.0143    0.0133    0.0137    0.0124    0.0129
    0.0150    0.0136    0.0141    0.0124    0.0124];
sp=csapi({x0  y0},z0);    % 可得到每片三次样条曲面的系数
fnplt(sp);                % 可得到拟合曲面的效果图
```

运行结果如图 14.6 所示。

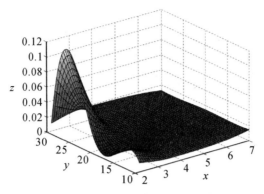

图 14.6　拟合曲面

2)最小二乘曲面拟合

用最小二乘拟合法对例 14.5 中数据进行处理,程序如下:

```
[m,n]=size(z0);
k=9;
C=ones(m*n,1/2*(k+1)*(k+2));
x=reshape(ones(n,1)*x0,m*n,1);
y=reshape(y0'*ones(1,m),m*n,1);
z=reshape(z0,m*n,1);
for j=0:k
    for i=0:j
        C(:,1/2*(j+1)*(j+2)-j+i)=x.^(j-i).*y.^i;
    end
end
coefficient=C\z;
syms x y;
z=ones(1,1/2*(k+1)*(k+2));sum=0;
for j=0:k
    for i=0:j
        sum=sum+sym(x^(j-i)*y^i)*coefficient(1/2*(j+1)*(j+2)-j+i);
    end
end
figure;
ezmesh(sum,[min(x0),max(x0),min(y0),max(y0)])
```

曲面效果图如图 14.7 所示,与图 14.6 稍有不同,因为采集点较少,所以拟合次数对结果影响很大。

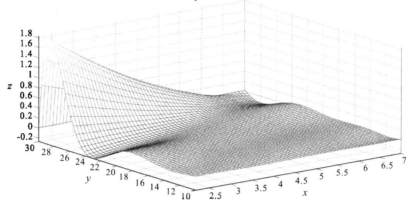

图 14.7 最小二乘曲面拟合

实验练习

1.天文学家在 1914 年 8 月的 7 次观测中,测得地球与金星之间的距离(单位:m),并取得距离的常用对数值与日期的一组历史数据如下表:

日期	18	20	22	24	26	28	30
距离对数	9.96177	9.95436	9.94681	9.93910	9.93122	9.92319	9.91499

由此推断何时金星与地球的距离(m)的对数值为 9.93518?

2.在某海域测得一些点 (x,y) 处的水深 z 由下表给出,船的吃水深度为 5 m,在矩形区域 $(75,200)\times(-50,150)$ m² 的哪些地方船要避免进入?

x	129	140	103.5	88	185.5	195	105
y	7.5	141.5	23	147	22.5	137.5	85.5
z	4	8	6	8	6	8	8
x	157.5	107.5	77	81	162	162	117.5
y	−6.5	−81	3	56.5	−66.5	84	−33.5
z	9	9	8	8	9	4	9

(1)在矩形区域 $(75,200)\times(-50,150)$ m² 作样条拟合和最小二乘拟合;
(3)作海底曲面图(利用命令:meshz(x,y,z));
(4)作出水深小于 5 m 的海域范围,即 $z=5$ 的等高线(利用命令:[c,h]=contour(x,y,z))。

3.对下面一组数据作二次多项式拟合:

x	0	0.1	0.2	0.3	0.4	0.5	0.6	0.7	0.8	0.9	1
y	0.447	1.978	3.28	6.16	6.16	7.34	7.66	9.58	9.48	9.30	11.2

4.已知曲面上一些点：
(2,2,80),(3,2,82),(4,2,84),(0,3,79),(2,3,61),(3,3,65),(0,4,84),(1,4,84),(4,4,86)
将这些点用二维样条拟合的方法画出完整的曲面。

实验拓展

1.学习 MATLAB 中的 interp1 和 interp2 命令的功能和调用形式,了解插值多项式的基本原理,用插值命令完成作业的插值曲线和插值曲面,分析插值和拟合的差异。

2.学习 MATLAB 中的 curvefit 和 leastsq 命令的功能和调用形式,说明两个函数的异同。

实验 15 过山车的轨道设计

实验目的

1. 了解两条直线连接曲线的特性要求；
2. 掌握曲线光滑特性要求与曲线方程的参数关系；
3. 理解过渡曲线的作用。

实验背景

过山车是一项富有刺激性的娱乐项目，那种风驰电掣、惊险刺激的快感令不少青年人和冒险者着迷。一个基本的过山车项目中，包含了爬升、滑落、倒转，不仅要求过山车速度快、冲击力强，更要求其轨道的设计高低起伏要大。如图 15.1 所示，是一个著名的游乐场的过山车轨道，可以看到，一个过山车轨道是由许多段不同的曲线连接而成，所以在设计轨道时，不仅要考虑轨道的弯曲程度和高低起伏变化，更需要综合运动学和人体体能感觉，要使得过山车在运动过程

图 15.1 过山车轨道

中，速度的方向和大小不能有突变或跳变。同样的问题也存在于列车轨道的弯道设计中。当一列高速运行的列车进入弯道时，列车会产生很大的离心力，为了克服离心力，需要弯道的铁轨平面有一定角度的倾斜，利用列车自身重力产生一个向心力来克服转弯所产生的离心力。直道上的铁轨是直的，弯道的铁轨有一定的倾角，因此，在设计列车轨道时需要在直道与弯道之间设计一段过渡轨道。

实验内容

图 15.2 所示过山车轨道中，$L_1(x)$ 是一条上升率为 0.8 的直轨，$L_2(x)$ 是一条下降率为 -1.6 的直轨，设计轨道时，需要用一段光滑的曲线(如抛物线 $f(x)=ax^2+bx+c$)将两段直轨连接起来。为了能使过山车在运行中速度及方向连续变化，$f(x)$ 在连接点 P 处的切线为 $L_1(x)$，$f(x)$ 在连接点 Q 处的切线为 $L_2(x)$。为

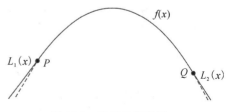

图 15.2 连接轨道曲线

了简化计算，将点 P 置于原点处。假设点 P 与点 Q 的水平距离为 100 m，则需确定方程 $y=ax^2+bx+c$ 中的系数 a、b、c，使得轨道在连接点 P 和 Q 处是光滑的。画出 $L_1(x)$、$f(x)$ 和 $L_2(x)$ 的图形，说明曲线连接是光滑的，并计算点 P 和 Q 的高度差。

实验指导

1.坐标系建立与问题分析

假设点 P 位于原点 ($x=y=0$),水平指向轨道前进的方向为 x 轴正向,竖直向上方向为 y 轴正向,单位为 m。点 P 的横坐标 $x_P=0$,纵坐标 $y_P=f(0)=a\times 0^2+b\times 0+c=c=0$,点 Q 的横坐标为 $x_Q=100$,纵坐标为 $y_Q=f(100)=a\times 100^2+b\times 100+c$,且 $L_1'(0)=0.8$,$L_2'(100)=-1.6$。为了使曲线连接处光滑,则 $y'=f'(x)=2ax+b$ 需满足:

$$f'(0)=2a\times 0+b=b=0.8$$
$$f'(100)=2a\times 100+b=-1.6$$

联立可得方程组如下:

$$\begin{cases} c=0 \\ b=0.8 \\ 200a+b=-1.6 \end{cases}$$

解方程组得 $a=-0.012, b=0.8, c=0$。于是有 $y_Q=-0.012\times 100^2+0.8\times 100=-40$。则 $L_2(x)$ 的方程为 $y+40=-1.6(x-100)$,即 $y=-1.6x+120$,于是,

$$\begin{cases} L_1(x)=0.8x \\ f(x)=-0.012x^2+0.8x \\ L_2(x)=-1.6x+120 \end{cases}$$

点 P 和点 Q 的高度差 $y_Q-y_P=-40-0=-40$ m,即点 Q 比点 P 低 40 m。

2.画图

过山车的轨道由三段曲线组成。根据上面计算的结果,点 P 的坐标为 $(0,0)$,点 Q 的坐标为 $(100,-40)$,因此需绘制的三段曲线分别为 $y=0.8x (-20\leqslant x\leqslant 0)$,$y=-0.012x^2+0.8x$ ($0\leqslant x\leqslant 100$) 和 $y=-1.6x+120 (100\leqslant x\leqslant 120)$。画图的 MATLAB 程序如下:

```
clc, clear, close all
figure
% 画第一段曲线
x1=-20:1:0;              % 横坐标范围
y1=0.8*x1;               % 第一段轨道曲线方程
plot(x1,y1,'-k')         % 画第一段曲线
hold on
% 画第二段曲线
x=0:1:100;               % 横坐标范围
% 设置第二段曲线变量系数
a=-0.012;
b=0.8;
c=0.0;
y=a*x.^2+b*x+c;          % 第二段(连接)轨道曲线方程
plot(x,y,'-r');          % 画第二段曲线
```

```
x2=100:1:120;            %横坐标范围
y2=-1.6*x2+120;          %第三段(连接)轨道曲线方程
plot(x2,y2,'-k');        %画第三段曲线
%画点P和显示第一段曲线方程
plot(0,0,'.b');
plot(100,-40,'.b')
text(0,2,'P(0,0)');
text(-10,-10,'y=0.8x');
%显示第二段曲线方程
text(60,10,'y=-0.012x^2+0.8x','color','red');   %画点Q和第一段曲线方程
text(100,-39,'Q(100,-40)');
text(80,-50,'y=-1.6x+120');
hold off
```

程序执行结果如图 15.3 所示。

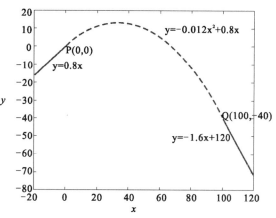

图 15.3 过山车轨道连接曲线

实验练习

过山车设计的轨道曲线虽然看上去是光滑的,但游客乘坐过山车还是能不时感觉到方向的跳变和身体猛然外甩。为了保证观感刺激性的同时,兼顾乘坐的舒适性,在轨道的设计上需要保持二阶导数的连续性。假设需要用两个三次函数来连接曲线 $L_1(x)$、$f(x)$ 和 $L_2(x)$,则问题可简化为如下模型:

$$y=\begin{cases} L_1(x)=0.8x & x<0 \\ g(x)=kx^3+lx^2+mx+n & 0\leqslant x<10 \\ f(x)=ax^2+bx+c & 10\leqslant x<90 \\ h(x)=px^3+qx^2+rx+s & 90<x\leqslant 100 \\ L_2(x)=-1.6x+120 & x>100 \end{cases} \quad (15.1)$$

1. 确定方程(15.1)的 11 个参数,使得轨道曲线的二阶导数连续。
2. 画出设计的轨道曲线图,说明在连接点处一阶、二阶导数是否连续,并计算连接点的高度。

实验拓展

飞机驾驶员在飞机着陆时必须使飞机保持一定的水平速度(着陆速度)以便在着陆过程出现意外时能够迅速拉起重新升空。假设飞机的着陆点 O 为原点,飞机在点 M 处开始降落,巡航高度为 h,距原点水平距离为 l,在降落过程中飞机始终保持水平速度 v 不变。为保持飞机的平稳和安全,飞机降落的竖直加速度的绝对值不能超过一个常数 k。

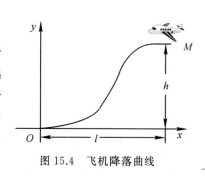

图 15.4 飞机降落曲线

1.确定一个满足降落要求的三次方程 $P(x)=ax^3+bx^2+cx+d$。

2.证明满足降落条件时:$\dfrac{6hv^2}{l^2}\leqslant k$。

3.若航空公司不允许飞机的降落加速度超过 $k=860 \text{ m/s}^2$,当飞机的巡航高度为 10000 m,飞行速度为 300 m/s 时,飞机应该在距机场多远时开始降落?

4.画出满足上述条件的飞机降落曲线。

实验 16　音乐的合成与演奏

数学家莱布尼茨(Leibniz,1646—1716)说:"音乐是一种隐藏的算术练习,透过潜意识的心灵跟数目在打交道。"近代作曲家斯特拉文斯基(Stravinsky,1882—1971)说:"音乐的形式较近于数学而不是文学,音乐确实很像数学思想与数学关系。"他特意将"像数学思想的东西"融入他的音乐作品之中。

实验目的

1.验证乐音是由一系列振幅和频率不一的正弦波叠加而成；

2.了解如何利用 MATLAB 软件对一段真实的音乐进行分析、处理,求得这段音乐的基频、谐波分量、频带宽度等数据；

3.会用 MATLAB 进行简单的音乐合成设计；

4.会用 MATLAB 演奏一段乐曲。

实验背景

很多电子类乐器如电子琴、双排键电子风琴等,能够模拟出各种乐器甚至大自然变化无穷的声音,它背后的原理是什么呢？又是如何实现的呢？

声音是人类听觉系统对一定频率范围内振波的感受。但即使是同一频率,不同乐器发出的振波却是各不相同的,如图 16.1 所示。事实上,这种差别是由声音的内在构成所决定的,正是它影响着人们对音色的感知。

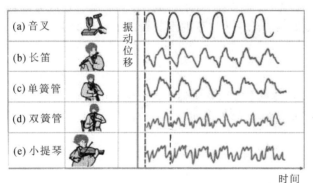

图 16.1　不同乐器的振动波

把一种乐器看作一种"振动体",一般来说,振动体的振动不是简单振动,而是复合振动。也就是说,即使我们拉出的是一个音,比如二胡定好了 D-A 调以后,拉内弦的空弦音,发出的不仅有频率 $f=440$ Hz(即每秒振动 440 次)的音,还同时有 f 的"整倍数"频率 $2f,3f,4f,\cdots$ 的音含在其中,即还含有 880 Hz、1320 Hz、1760 Hz、$\cdots$ 的音。频率最低的,即频率为 f 的音称为"基音";其余的,即频率为 $2f,3f,4f,\cdots$ 的音称为"泛音"。它们是构成声音的基本元素。如果将基音和泛音按音高顺序排列起来,则称为"泛音列"。

自然界中,各种发音体的泛音列是有差异的。德国著名的物理学家亥姆霍兹经过对多种乐器做了一系列的实验研究之后提出:所有物质在振动时都会有泛音产生,泛音列对音色感知的影响最大,其主要体现在:①泛音的数量;②泛音之间的频率比;③泛音之间的振幅强度值。不同的泛音列作用于人的听觉系统,耳蜗中的基底膜就会对这些泛音进行分析、合成,最后在大脑中生成不同音色的感觉。

振动体发出的"一个音"="基音"+"泛音"的结论,可以从傅里叶级数 $\sin x, \sin 2x,$ $\sin 3x, \sin 4x, \cdots$ 以及 $\cos x, \cos 2x, \cos 3x, \cos 4x, \cdots$ 看出,即它们对应于 $f, 2f, 3f, 4f, \cdots$。傅里叶级数有无穷个"项",即有无穷个"+"号,"+"号后还有数不完的"东西"要加上去。然而,实际中并非如此。比如 D-A 调的二胡中,最低音 440 Hz 的 46 倍为 20240 Hz,这是超声波了,人耳听不见。即,表述 D-A 调的二胡音的傅里叶级数,至多只要 $2\times46+1=93$ 项。而实际上,还会远远低于这个数。比如黑管能发出比 D-A 调的二胡低得多的音,理论上有可以听见的泛音 199 个,对应的傅里叶级数有 $2\times200+1=401$ 项,但是经过仪器测定,实际上只有 9 个泛音混合于其中。

基音和泛音的混合比是各种乐器音色的决定性的因素之一,它们构成声音的基本元素。在实践中为了便于开展研究,人们又将一种最简单的振动形式作为振动的基本模式,它是一种周期性的正弦或余弦振动,称为简谐振动。简谐振动所产生的波称为简谐波。傅里叶证明:任何一个周期性波形,都可以分解为一个或多个简谐波的叠加。换句话说,任何声音都可以看作是一系列不同相位、不同振幅、不同频率的简谐波的组合。这就是著名的傅里叶理论,它是声音合成技术的理论基石。因而,声音设计原理是基于对自然界声音内在构成的模仿和再现。

事实上,随着对数学与音乐关系认识的不断加深,以数学计算代替作曲,已成为现代作曲家的一种创作方式。创作乐曲乃是将作曲的过程公式化,把音程、节奏、音色等素材都编成数码,然后按照需求发出指令,以计算器的功能进行选择,再将其结果编写成乐曲并演奏出来。除了上述数学与音律、乐谱的明显联系外,音乐还与指数、曲线、周期函数以及计算机科学等相关联。如今,在音乐理论、音乐作曲、音乐合成、电子音乐制作等方面,都需要数学。在音乐界,有一些数学素养很好的音乐家为音乐的发展做出了重要的贡献。

实验内容

1.利用 MATLAB 软件观察一段音乐信号的图像;
2.利用 MATLAB 的 sound 命令自选一段音乐进行音乐合成。

实验指导

1.MATLAB 中的相关命令

1)audioread 命令

audioread 命令可以直接调入 WAV 格式的乐音,并用 sound 命令进行播放。具体的使用方法如下:

Y=audioread(FILE)表示读取指定的 FILE 声音文件,并将采样数据返回给 Y。如果文件没有扩展名".wav",需要加上。

例如:载入 moon.wav 并播放,命令如下:
>> [x, fs]=audioread('moon.wav');
>> sound(x, fs)

下面以贝多芬的《月光》为例,简单介绍该命令的使用步骤:

步骤1:下载 MP3 格式的贝多芬《月光》。

步骤2:下载音频转换器,将 MP3 格式的《月光》转换为 WAV 格式。

步骤3:用 audioread 命令调入 WAV 格式的《月光》,使用 sound 命令在 MATLAB 中播放该曲。

步骤4:对 audioread 调入的数据作图。

结果是一边可以听到一段美妙的《月光》音乐,一边可以观察到:音乐信号是由一系列振幅和频率不一的正弦波叠加且带有不同包络修饰形成的。

2) sound 命令

sound 命令可以作为声音播放向量。使用方法如下:

sound(Y,FS)表示以向量 Y(采样频率为 FS)向支持声音播放的平台发送信号,并进行播放。其中,Y 是一个 N×2 的矩阵,且各元素满足 $-1.0 \leqslant y \leqslant 1.0$。

sound(Y)表示播放声音时,采样频率默认为 8192 Hz。

例如:

load handel   % 加载音乐文件

sound(y,Fs)

你会听到亨德尔的《哈利路亚大合唱》的片段。

2. 利用 MATLAB 进行简单的音乐合成

以歌曲《东方红》的前两小节为例,介绍如何利用 MATLAB 进行简单的音乐合成。该歌曲为 F 大调,前两小节简谱为

$$5 \; \overline{56} \; | \; 2 \; - \; | \; 1 \; \overline{16} \; | \; 2 \; - \; |$$

(1)需要根据音乐简谱和十二平均律(见本实验拓展)计算出每个乐音的频率(见表16.1)。在 MATLAB 中生成幅度为1、抽样频率为 8 kHz 的正弦信号表示这些乐音。

表 16.1 各大调的音阶频率

弦	指	MIDI 码	音阶名	频率/Hz
G	0	55	G3	196.0
	1	56	G3♯	207.7
	1	57	A3	220.0
	2	58	A3♯	233.1
	2	59	B3	246.9
	3	60	C4	261.6
	3	61	C4♯	277.2
	4	62	D4	293.7

续表

弦	指	MIDI 码	音阶名	频率/Hz
D	0	62	D4	293.7
	1	63	D4♯	311.1
	1	64	E4	329.6
	2	65	F4	349.2
	2	66	F4♯	370.0
	3	67	G4	392.0
	3	68	G4♯	415.3
	4	69	A4	440.0
A	0	69	A4	440.0
	1	70	A4♯	466.2
	1	71	B4	493.9
	2	72	C5	523.2
	2	73	C5♯	544.4
	3	74	D5	587.3
	3	75	D5♯	622.2
	4	76	E5	659.2
E	0	76	E5	659.2
	1	77	F5	698.4
	1	78	F5♯	740.0
	2	79	G5	784.0
	2	80	G5♯	830.6
	3	81	A5	880.0
	3	82	A5♯	932.3
	4	83	B5	987.8

注：MIDI(Musical Instrument Digital Interface)，乐器数字接口。

代码如下：
```
clc,clear
f=8000;
t2=[0:1/f:1];
t4=[0:1/f:0.5];
t8=[0:1/f:0.25];
omg5=523.35;
omg6=587.33;
omg2=392;
```

omg1=349.23;
omg6l=293.66;
m1=sin(2*pi*omg5*t4);
m2=sin(2*pi*omg5*t8);
m3=sin(2*pi*omg6*t8);
m4=sin(2*pi*omg2*t2);
m6=sin(2*pi*omg1*t4);
m7=sin(2*pi*omg1*t8);
m8=sin(2*pi*omg6l*t8);
m9=sin(2*pi*omg2*t2);
m=[m1 m2 m3 m4 m6 m7 m8 m9];
sound(m);

听的时候发现在相邻乐音之间有杂音，这是由相位不连续造成的。

(2)注意到(1)的乐曲中相邻乐音之间有"啪"的杂声，这是由于相位不连续产生了高频分量。这种噪声严重影响合成音乐的质量，使其丧失真实感。为了消除它，我们可以用图16.2所示包络修正每个乐音，以保证在乐音的邻接处信号幅度为零。从图16.2中可以看出这个包络是由四段直线段构成的，因此只要确定了每段线段的端点，即可用端点数据写出直线方程。因为直线方程可以用通式写出(可以用斜截式)，因此这段包络可以用简单的循环来完成。此外建议用指数衰减的包络来表示。

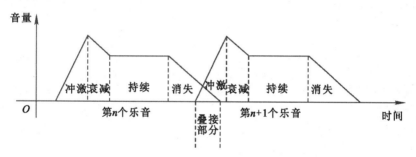

图16.2 乐音经过的四个阶段

代码如下(采用的是指数衰减的包络):
clc,clear
f=8000;
t2=[0:1/f:1];
t4=[0:1/f:0.5];
t8=[0:1/f:0.25];
omg5=523.35;
omg6=587.33;
omg2=392;
omg1=349.23;
omg6l=293.66;
m1=exp(-2*t4).*sin(2*pi*omg5*t4);

```
m2=exp(-4*t8).*sin(2*pi*omg5*t8);
m3=exp(-4*t8).*sin(2*pi*omg6*t8);
m4=exp(-1*t2).*sin(2*pi*omg2*t2);
m6=exp(-2*t4).*sin(2*pi*omg1*t4);
m7=exp(-4*t8).*sin(2*pi*omg1*t8);
m8=exp(-4*t8).*sin(2*pi*omg61*t8);
m9=exp(-1*t2).*sin(2*pi*omg2*t2);
m=[m1 m2 m3 m4 m6 m7 m8 m9];
sound(m);
```

根据不同节拍,给予不同的衰减系数,这样声音听起来感觉更加圆润。

(3) 请用最简单的方法将(2)中的音乐分别升高和降低一个八度。

提示:最简单的方法是直接更改抽样频率 f。将 f 从 8 kHz 改为 4 kHz,则升高一个八度,并且播放速度增快了一倍;将 f 从 8 kHz 改为 16 kHz,则降低一个八度,速度也变慢为原来一半。

(4) 试着在(1)的音乐中增加一些谐波分量,听一听音乐是否更有"厚度"了?注意谐波分量的能量要小,否则掩盖住基音反而听不清音调了。

代码如下:

```
clc,clear
f=8000;
t2=[0:1/f:1];
t4=[0:1/f:0.5];
t8=[0:1/f:0.25];
omg5=523.35;
omg6=587.33;
omg2=392;
omg1=349.23;
omg61=293.66;
m1=exp(-2*t4).*sin(2*pi*omg5*t4)+0.2*exp(-2*t4).*sin(2*pi*2*omg5*t4)+0.3*exp(-2*t4).*sin(2*pi*3*omg5*t4);
m2=exp(-4*t8).*sin(2*pi*omg5*t8)+0.2*exp(-4*t8).*sin(2*pi*2*omg5*t8)+0.3*exp(-4*t8).*sin(2*pi*3*omg5*t8);
m3=exp(-4*t8).*sin(2*pi*omg6*t8)+0.2*exp(-4*t8).*sin(2*pi*2*omg6*t8)+0.3*exp(-4*t8).*sin(2*pi*3*omg6*t8);
m4=exp(-1*t2).*sin(2*pi*omg2*t2)+0.2*exp(-1*t2).*sin(2*pi*2*omg2*t2)+0.3*exp(-1*t2).*sin(2*pi*3*omg2*t2);
m6=exp(-2*t4).*sin(2*pi*omg1*t4)+0.2*exp(-2*t4).*sin(2*pi*2*omg1*t4)+0.3*exp(-2*t4).*sin(2*pi*3*omg1*t4);
m7=exp(-4*t8).*sin(2*pi*omg1*t8)+0.2*exp(-4*t8).*sin(2*pi*2*omg1*t8)+0.3*exp(-4*t8).*sin(2*pi*3*omg1*t8);
```

m8=exp(−4∗t8).∗sin(2∗pi∗omg6l∗t8)+0.2∗exp(−4∗t8).∗sin(2∗pi∗2∗omg6l∗t8)+0.3∗exp(−4∗t8).∗sin(2∗pi∗3∗omg6l∗t8);

m9=exp(−1∗t2).∗sin(2∗pi∗omg2∗t2)+0.2∗exp(−1∗t2).∗sin(2∗pi∗2∗omg2∗t2)+0.3∗exp(−1∗t2).∗sin(2∗pi∗3∗omg2∗t2);

m=[m1 m2 m3 m4 m6 m7 m8 m9];

sound(m);

加入谐波分量后，音色有所变化，感觉更加清脆一些。

3.利用 MATLAB 中的 sound 命令演奏一段音乐

以儿歌《小毛驴》为例，演示 MATLAB 演奏乐曲的步骤和方法。

(1)定义乐曲中音阶对应的频率。程序如下：

A=[174.61 196 220 246.94 261.62 293.66 329.63 349.23392 440 493.88 523.25 587.33 659.25 698.45 739.99 783.99];   %定义各调频率

(2)演奏的基本频率。程序如下：

fs=8000;   %修改频率

(3)定义基本节拍(每一拍的时间)。程序如下：

p=0.5;

(4)定义乐谱及对应的节拍。程序如下：

%定义乐谱：

pu=[1 1 1 3   5 5 5 5   6 6 6 8   5   4 4 6 6   3 3 3 3   2 2 2 2   5   5   1 1 1 3   5 5 5 5   6 6 6 8   5   4 4 4 6   3 3 3 3   2 2 2 3   1];

%在 pu 中只需输入乐谱音阶(数字)，在下面 B=A−××部分调整音调，省去了写频率的

%麻烦

%定义节拍(音节)：

last_time=[p/2 p/2 p/2 p/2 p/2 p/2 p/2 p/2 p/2 p/2 p/2   p p/2 p/2 p/2 p/2 p/2 p/2 p/2 p/2 p/2 p/2 p p p/2 p/2 p/2 p/2 p/2 p/2 p/2 p/2 p/2 p/2 p/2 p/2   p   p/2 p/2 p/2 p/2 p/2 p/2 p/2 p/2 p/2 p/2 p/2 p];

%在此处输入乐谱

%各乐音持续时间

h=[1 0.307149 0 0.057298 0.075386 0 0;…

   1 0.307149 0 0.057298602 0.075386 0 0;…

   1 0.205838 0.157080 0 0.088917 0 0.065977;…

   1 0.108616 0.069072 0 0 0;…

   1 0.275786 0.175812 0 0.056035 0 0;…

   1 0.275786 0.175812 0 0.056035 0 0;…

   1 0.520305 0 0 0.052802 0.095940 0;…

   1 0.108616 0.069072 0 0 0 0];   %波形幅值矩阵

N=length(pu);

f=zeros(1,N);

B=A−4;

```
for i=1:N
    f(i)=B(pu(i));                          %f 为各个乐音对应的频率,修改其他调
end
point=fs*last_time;                         %各个乐音的抽样点数
total_point=sum(point);                     %这段音乐的总抽样点数
store=zeros(1,total_point);                 %用 store 向量来储存抽样点
m=1;
for num=1:N                                 %利用循环产生抽样数据,num 表示乐音编号
    t=1/fs:1/fs:point(num)/fs;              %产生第 num 个乐音的抽样点
    baoluo=zeros(1,point(num));             %包络
    for j=1:point(num)
        if (j<0.2*point(num))
            y=7.5*j/point(num);
        else
            if (j<0.333*point(num))
                y=-15/4*j/point(num)+9/4;
            else
                if (j<0.666*point(num))
                    y=1;
                else
                    y=-3*j/point(num)+3;
                end
            end
        end
        baoluo(j)=y;
    end
    xiebo=zeros(1,length(t));
    for ix=1:7
        xiebo=xiebo+h(pu(num),ix)*sin(2*ix*pi*f(num)*t);    %加谐波
    end
    store(m:m+point(num)-1)=xiebo.*baoluo(1:point(num));
                                            %储存抽样点对应的幅值
    m=m+point(num);
end
sound(store,8000);                          %播放 store
plot(store);
```

也可以按照 2 中的方式直接编写语句,以伍佰的《突然的自我》为例,读者可以自行体会、比较。

```
clc,clear
fs=44100; t=0: 1/fs: 0.5;
```

```
ddo = sin(pi * 261.63 * t);
dre = sin(pi * 293.67 * t);
dmi = sin(pi * 329.63 * t);
dfa = sin(pi * 349.23 * t);
dsol = sin(pi * 391.99 * t);
dla  = sin(pi * 440 * t);
dxi = sin(pi * 493.88 * t);
kong = sin(pi * 4 * t);
zdo = sin(2 * pi * 261.63 * t);
zre = sin(2 * pi * 293.67 * t);
zmi = sin(2 * pi * 329.63 * t);
zfa = sin(2 * pi * 349.23 * t);
zsol = sin(2 * pi * 391.99 * t);
zla  = sin(2 * pi * 440 * t);
zxi = sin(2 * pi * 493.88 * t);
gdo = sin(4 * pi * 261.63 * t);
gre = sin(4 * pi * 293.67 * t);
gmi = sin(4 * pi * 329.63 * t);
gfa = sin(4 * pi * 349.23 * t);
gsol = sin(4 * pi * 391.99 * t);
gla  = sin(4 * pi * 440 * t);
gxi = sin(4 * pi * 493.88 * t);
part1 = [zmi zmi zre zmi kong];                              % 33230
part2 = [zla zsol zmi zre zdo zdo kong];                     % 6532110
part3 = [zre zmi kong dla zre kong ];                        % 230620
part4 = [dla zre zmi zsol zre zmi zre kong];                 % 62352320
part5 = [zmi zla zsol zmi zsol zdo dla dla];                 % 36535166
part6 = [dsol zre zmi zmi zla zsol kong kong ];              % 52336500
part7 = [zla zsol zsol zmi zsol kong];                       % 655350
part8 = [zsol zmi zsol zsol zsol kong];                      % 535550
part9 = [gdo zxi zla zsol zmi zre zdo kong];                 % 17653210
part10 = [dla zre zmi kong ];
part11 = [dsol zre zmi zmi zsol zla zsol kong];              % 5233565
part12 = [zmi zsol zla zsol zmi zre zre zdo kong];           % 35653221
part13 = [dla zre zmi kong dla zre kong];                    % 6230620
part14 = [dsol zsol zmi zre dsol zdo];                       % 5532561
lengent = [part1 part2 part3 part4 part1 part5 part3 part6 part7 part8 part9 part10 part10 part11 part8 part10 part12 part13 part14];
sound(lengent, fs)
```

实验练习

1. 选取一首你喜欢的歌曲,编写演奏程序。

实验拓展

十二平均律亦称"十二等程律",是指将八度的音程(二倍频程)按频率等比例地分成十二等份,每一等份称为一个半音即小二度。一个大二度则是两等份。将一个八度分成 12 等份有着一些惊人的凑巧。它的纯五度音程的两个音的频率比(即 2 的 7/12 次方)与 1.5 非常接近,人耳基本上听不出五度相生律和十二平均律的五度音程的差别。同时,十二平均律的纯四度和大三度,两个音的频率比分别与 4/3 和 5/4 比较接近。也就是说,十二平均律的几个主要的和弦音符,都与自然泛音序列中的几个音符相符合,两者只有极小的差别,这为小号等按键吹奏乐器在乐队中使用提供了必要条件,因为这些乐器是靠自然泛音级来形成音阶的。半音是十二平均律组织中最小的音高距离。十二平均律在交响乐队和键盘乐器中得到广泛使用,现在的钢琴即是根据十二平均律来定音的,因为只有十二平均律才能方便地进行移调,所以五度律以外的形形色色的乐律中应用最广的是十二平均律。

现在我们可以计算每个音符的频率,这是一道中学生的数学题——在 1 与 2 之间插入 11 个数使它们组成等比数列,显然其公比就是 $\sqrt[12]{2}$,这样获得的十二平均律,它的任何相邻两音频率之比都是 $\sqrt[12]{2}$,没有自然半音与变化半音之分。用十二平均律构成的七声音阶如表 16.2 所示。

表 16.2 十二平均律构成的七声音阶

音名	C	D	E	F	G	A	B	C
频率	1	$(\sqrt[12]{2})^2$	$(\sqrt[12]{2})^4$	$(\sqrt[12]{2})^5$	$(\sqrt[12]{2})^7$	$(\sqrt[12]{2})^9$	$(\sqrt[12]{2})^{11}$	2

同五度律七声音阶一样,C-D、D-E、F-G、G-A、A-B 是全音关系,E-F、B-C 是半音关系,但它的全音恰好等于两个半音。

进一步,每个指定音调的唱名都对应固定的基波信号频率。所谓唱名是指平日读乐谱唱出的 1(do)、2(re)、3(mi)……每个唱名并未固定基波频率,当指定乐曲的音调时才知道此时唱名对应的频率值。如 C 调"1(do)"的基波频率为 261.63 Hz,F 调"1(do)"的基波频率为 174.61 Hz。

实验 17　微分方程与人体内的药物含量

实验目的

1. 熟悉微分方程的建模过程；
2. 会用微分方程进行问题描述和建立微分方程；
3. 会建立离散问题的微分方程；
4. 能够对数值问题进行分析。

实验背景

药物自用药部位进入血液循环,到达体内作用于靶点而产生生物学效应,然后经过代谢后排出体外。同一病情不同药物的作用程度不同,疗程长短和服药次数、服药时间也会不同。不同病人给药的方式方法不同,可以静脉注射、皮下注射和口服。药物在进入人体后,由于代谢的作用,人体内药物的含量会随时间而变化。药物在人体内达到一定浓度才能发生药理作用,当药物浓度低于该浓度时,药理作用停止。为了维持药效,必须使药物在人体内维持一定的浓度。因而必须研讨一次用药后及重复用药过程中人体内药物含量的变化规律,从而制定合理的药剂量和用法。

实验内容

病情不同、药物不同,用药剂量和周期也会不同。一次用药和重复用药使得人体内的药物含量随时间的变化情况差别很大。药物在人体内要发生药理作用需要有一定的浓度,但当药物的平均浓度很高时对人体是有害的。本实验研究体内药物在不同用药方式和剂量下的变化规律,以及重复用药下,人体内药物的最大稳定量和最小稳定量的变化规律。

实验指导

1. 一次用药下的人体内药物含量

人体在一次用药(皮下注射或口服)后,药物在代谢的作用下以一个正比于人体内药物含量的固定比例从体内排出。假设 $Q(t)$ 表示 t 时刻人体内的药物含量,λ 为排出的固定比例(常数 $\lambda > 0$),λ 与药物的类型有关,则有

$$\frac{dQ(t)}{dt} = -\lambda Q(t) \tag{17.1}$$

若 $Q(t_0) = Q_0$ 是 $t=0$ 时刻人体内的药物含量,则微分方程(17.1)满足初始条件的特解为

$$Q(t) = Q_0 e^{-\lambda t} \tag{17.2}$$

由式(17.2)可得,人体内的药物含量是按指数规律衰减的。半衰期是指药物含量 Q 衰减到原

来的一半所用的时间,若记药物的半衰期为 T_1,有 $\frac{1}{2}Q_0=Q_0\mathrm{e}^{-\lambda T_1}$,则可计算出药物的衰减常数为 $\lambda=\frac{\ln 2}{T_1}$。

若用药方式为静脉注射,药物在人体内不仅以一个正比于当前人体内该药物含量的固定比例 λ 从人体排出,而且还以注射的速率 γ 进入人体,则人体内药物含量的变化率为

$$\frac{\mathrm{d}Q(t)}{\mathrm{d}t}=\gamma-\lambda Q(t) \tag{17.3}$$

进而微分方程(17.3)的通解为

$$Q(t)=\frac{\gamma}{\lambda}+C\mathrm{e}^{-\lambda t} \tag{17.4}$$

当 $t=0$ 时,$Q(t_0)=Q_0$,代入(17.4)式得到微分方程(17.3)的特解为

$$Q(t)=\frac{\gamma}{\lambda}+\left(Q_0-\frac{\gamma}{\lambda}\right)\mathrm{e}^{-\lambda t} \tag{17.5}$$

由式(17.5)可得,当 $Q_0>\frac{\gamma}{\lambda}$ 时,人体内的药物含量是按指数规律衰减的;当 $Q_0<\frac{\gamma}{\lambda}$ 时,人体内的药物含量是按指数规律增加的;当 $Q_0=\frac{\gamma}{\lambda}$ 时,人体内的药物含量是保持不变的(恒为 Q_0 或 $\frac{\gamma}{\lambda}$)。

思考 若可以测得每时刻人体内药物含量,是否可以拟合出排出比例系数 λ 和注射输入速率 γ 的值?

事实上,若排出比例系数 λ 和注射输入速率 γ 不是常数而是时间 t 的函数时,则人体内药物含量的变化率为

$$\frac{\mathrm{d}Q(t)}{\mathrm{d}t}=\gamma(t)-\lambda(t)Q(t) \tag{17.6}$$

可以发现,微分方程(17.6)是一个一阶非齐次线性微分方程。因此,可以利用常数变易法得到微分方程(17.6)的通解和特解。下面,利用 MATLAB 函数 ode45 来研究药物含量函数 $Q(t)$ 随时间 t 的变化规律以及曲线图。若取 $\gamma(t)=0.1-0.005t$,$\lambda(t)=0.05-0.0025t$,$Q(0)=10$,则首先建立 MATLAB 函数文件 seir.m,代码如下

```
function dy= seir(t,y)
dy=zeros(1,1);
dy(1)=0.1-0.005*t-(0.05-0.0025*t)*y(1);
```

然后建立脚本文件 quxiantu.m,代码如下

```
clc,clear,close all
[T,Y] = ode45(@seir,0:0.1:1,10);   %10 为初值,可以调整时间的步长为 0.1
plot(T,Y,'r','Linewidth',2)        %画出药物含量随时间 t 的变化曲线图
Q=Y'
xlabel 时间 t
ylabel 药物含量 Q(t)
```

grid on

最后运行结果为

Q =

  10.0000 9.9602 9.9208 9.8818 9.8432 9.8049

  9.7671 9.7296 9.6925 9.6557 9.6194

人体内的药物含量随时间 t 的变化曲线如图 17.1 所示。

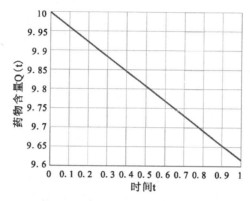

图 17.1 人体药物含量随时间 t 的变化曲线图

由运行结果可以看出,1 个单位时间后人体内药物含量从 10 减少到了 9.6194。事实上可以得到不同时刻人体内药物含量的值,请读者自行完成。

2.重复用药下人体内药物含量

重复用药是指按固定的时间间隔给病人服用或注射一定剂量的药物,对于某些疾病,病人若想获得免疫或治愈需要长期或在一段时期内不间断周期性用药即需要重复用药。例如,进入疟疾流行区的人员要预防疟疾,必须在每日的同一时刻服用 50 mg 奎宁。长期服药,虽然大部分药物会随着代谢排出体外,但是仍会有部分残留在体内。随着时间的推移,药物的累积量会达到一定程度,会不会对人体造成危害?假设人体每日能够将体内奎宁含量的 77% 排出体外,人体内将会残留 23%。服用第 1 剂后,在服用第 2 剂前,人体内奎宁含量为 $50 \times 23\% = 11.5$ mg;服用第 2 剂后,人体内奎宁最大含量为 $50 + 11.5 = 61.5$ mg;服用第 3 剂前,人体内奎宁含量为 $61.5 \times 23\% = 14.145$ mg;服用第 3 剂后,人体内奎宁最大含量为 $50 + 14.145 = 64.145$ mg。事实上,在服用第 n 剂前,体内的长期药物含量称为药物最小稳定量;在服用第 n 剂后,体内的长期药物含量称为药物最大稳定量。显然,为了达到预防或治疗的效果,体内药物的最小稳定量不能低于药物发生药理作用的最小含量,而药物的最大稳定量不能超过会对人体造成危害的某个阈值。

实验练习

1.从静脉给一病人以 γ(单位:mg/h)的速率注射某种药物,在代谢作用下,该药物以每小时正比于当前人体内药物含量的固定比例 λ(大于 0 的常数)的速度从人体内排出。设 $Q(t)$ 表示 t 小时后,该药物在人体内的残留量(单位:mg)。

(1)建立 $Q(t)$ 满足的微分方程。

(2)对于 $Q(0)=Q_0$,当 $\gamma=0.5$ mg/h,$\lambda=0.02$ 和 $Q_0=20$ mg,30 mg,50 mg 时,求出(1)中的微分方程的特解,观察并总结初值 Q_0 对药物残留量随时间变化的影响。

(3)对于(1)中的解 $Q(t)$,求 $Q_\infty = \lim\limits_{t\to\infty} Q(t)$,讨论当 γ 增加 k 倍时,Q_∞ 的变化;当 λ 增加 k 倍时,Q_∞ 的变化。

2.进入疟疾流行区的人员预防疟疾必须服用奎宁,并且人体内奎宁的平均浓度不低于 0.4 mg/kg,且不能超过 3 mg/kg,否则对人体将造成危害。人体内奎宁平均浓度＝人体内奎宁含量/体重。

(1)对于体重为 75 kg 的人,计算长期在每日同一时刻一次服用 50 mg 奎宁的平均浓度,并说明这一处方是否有效和安全。

(2)对于某种药物,每日服用一次且剂量为 q,体内的药物代谢排放固定比例为 γ。在服用第 n 剂前,体内的长期药物含量为 α_n;在服用第 n 剂后,体内的长期药物含量为 β_n。试建立 α_n,β_n 的关系式,并讨论 $\alpha_\infty = \lim\limits_{n\to\infty} \alpha_n$ 和 $\beta_\infty = \lim\limits_{n\to\infty} \beta_n$ 与 γ 的关系。

3.一患者需要注射某种药物,药物的半衰期为 8 小时,于是需要每隔 8 小时注射一次 20 单位的药物。

(1)请计算 1 日后、2 日后、3 日后,该患者体内此种药物的含量。

(2)由于病情严重,第一次注射剂量为 40 单位,注射间隔时间为 8 小时,第 2 次及以后的注射剂量为 20 单位,计算第 n 天后患者体内此药物的含量,并分析第一次注射剂量对患者体内该药物含量的影响。

实验 18　放射性元素衰减与绘画作品赝品鉴别

实验目的

1. 会用微分方程研究放射性元素的衰减问题；
2. 了解绘画等艺术作品中的颜料成分；
3. 了解微分方程在成分分析中的应用；
4. 会用微分方程描述和分析问题；
5. 能够用假设数据进行推理分析。

实验背景

随着经济文化的不断发展，人们对绘画和书法作品的欣赏水平不断提高，著名的绘画作品也走进了不同人家。艺术品市场历来良莠不齐、真假共存，由于巨大的利润诱惑，赝品的制作水平不断提高，几乎可以以假乱真。收藏家和博物馆最担心的是什么？莫过于他们珍藏的价值连城的作品被发现是赝品。即便有着诸多的专家对这样的事情进行防范，市场上依然不断出现顶着价值连城帽子的仿品。

长期以来作为鉴定古典油画的金科玉律的专家鉴定——他们不依赖科技手段，而是凭经验断定作品是否出自大师之手——不再可信。

国际拍卖公司苏富比(Sothebys)在 2016 年曾以 850 万英镑卖出的荷兰画家费朗斯·哈尔斯(Frans Hals)作品《一名未知的男子》(An Unknown Man)，人们在其画布上发现了现代化材料，此画被证明是一件赝品。

充满传奇色彩的画家汉·凡·米格伦(Han van Meegeren)发明了一套让自己的作品看起来像是古典主义大师的方法，在 1930—1940 年期间将自己的仿作卖给了纳粹德国空军元帅赫尔曼·戈林(Hermann Göring)。1945 年米格伦被控通敌罪名而入狱，在狱中他承认所有他出售的国宝级文物，都是他伪造的。于是当局成立了由著名化学家、物理学家和艺术史家组成的国际鉴定小组调查此事。小组一方面用 X 光透视画件以确定这些伪画是否画在其他的画之上，另一方面，分析画上所用的颜料和作者维米尔(1632—1675 年)生活的年代是否吻合。

实验内容

研究放射性物质的衰变原理，建立放射性物质的衰变微分方程模型，并求解微分方程得到铂、镭、铅等物质衰变的负指数模型；根据表 18.1 所示的米格伦所卖绘画作品颜料中钋-210 和镭-226 的衰变率判定这些名画是真品还是赝品。

表18.1 米格伦所卖绘画作品颜料的衰变率

名画名称	钋-210 衰变率	镭-226 衰变率
耶稣与门徒	8.5	0.8
替耶稣洗脚	12.6	0.26
读乐谱的女人	10.3	0.3
演奏音乐的女人	8.2	0.17
蕾丝马克	1.5	1.4
微笑女孩	5.2	6.0

实验指导

1. 放射性物质的衰变规律

用放射性来鉴定物质——如岩石矿物、化石和文物的年代的方法是20世纪初发现的。自然界中放射性同位素大约有64种,它们大多数的质量数大于210。这些放射性同位素不断自发地发射出质子和能量,改变同位素组成并转变成稳定的核素,这种过程称为核衰变反应。因研究元素衰变和放射性化学而荣获1908年诺贝尔化学奖的英国科学家卢瑟福(Rutherford)证实了某些放射性元素的原子结构不稳定,在一定的时间内,一定比例的原子会发生衰变而形成另一种新元素。由于放射性是原子的一种性质,卢瑟福证实一种物质的衰变率,与该物质目前的原子个数成比例。因此,设若 $N(t)$ 表示某物质在时间 t 的原子数,则单位时间内发生衰变(减少)的原子数 $\frac{dN(t)}{dt}$ 与该物质在时间 t 所具有的原子数目 $N(t)$ 成正比,即有 $\frac{dN(t)}{dt} = -\lambda N(t)$,其中 λ 为衰变常数,且 $\lambda > 0$。

事实上,λ 越大,物质衰变得越快。半衰期为放射性物质原子数目衰变成原来数目的一半所需要的时间。假设在开始时间 t_0 物质原子数目为 N_0,即 $N(t_0) = N_0$,则 $N(t)$ 满足微分方程

$$\frac{dN(t)}{dt} = -\lambda N(t), N(t_0) = N_0 \tag{18.1}$$

对式(18.1)积分得 $N(t) = N_0 e^{-\lambda(t-t_0)}$,进而有 $\frac{N(t)}{N_0} = e^{-\lambda(t-t_0)}$。当 $t > t_0$ 时,两边取对数函数,则有

$$-\lambda(t-t_0) = \ln\frac{N(t)}{N_0} \tag{18.2}$$

当 $\frac{N(t)}{N_0} = \frac{1}{2}$ 时,则有 $-\lambda(t-t_0) = \ln\frac{1}{2}$。因此,

$$t - t_0 = \frac{\ln 2}{\lambda} \approx \frac{0.6931}{\lambda} \tag{18.3}$$

由式(18.3)可得,物质的半衰期为 ln2 除以其衰变常数 λ。很多放射性物质的半衰期都已经被完整地计算,并且记录下来。碳-14 的半衰期约5730年,铀-238 的半衰期则为45亿年。

由式(18.2)可得 $t-t_0=-\dfrac{1}{\lambda}\ln\dfrac{N(t)}{N_0}$，由于 $N(t)$ 可以测量出来，λ 很容易测算出来，故当 N_0 已知时，就能得到 t_0。事实上，N_0 的确定是一个难点。因为很难知道某种放射性物质在 t_0 时的原子数有多少。不过，可以间接地确定(或者估计)N_0 的值，使它在某个可信的范围内。

2.放射性元素衰变规律在绘画颜料成分分析中的应用

地球的地壳中含有铀，在岩石块内的铀会衰变成其他的放射性元素，然后再经过一连串的衰变，一直到铅-206 为止。图 18.1 说明铀-238 的一系列衰变情形，箭头上方的数字即为半衰期。

$$[铀-238]\xrightarrow{45亿年}[钍-234]\xrightarrow{24天}[镁-234]\xrightarrow{1.17分钟}[铀-234]\xrightarrow{25万年}[钍-230]\xrightarrow{8万年}$$
$$[镭-226]\xrightarrow{1600年}[氡-222]\xrightarrow{3.8天}[钋-218]\xrightarrow{3分钟}[铅-214]\xrightarrow{27分钟}[铋-214]\xrightarrow{20分钟}$$
$$[钋-214]\xrightarrow{<1秒}[铅-210]\xrightarrow{22年}[铋-210]\xrightarrow{5天}[钋-210]\xrightarrow{138天}[铅-206]$$

图 18.1　自然界放射性元素铀的衰变过程

铀-238 的半衰期很长，它虽不会很快消失，但会一直衰变下去。因此图 18.1 中间的放射性元素在物质中的含量，一方面会因衰变成其后面的元素而减少，但一方面也会因前面元素的衰变而增加。

古典油画作品大都含有大量放射性元素铅-210，同时也含有少量的镭-226。因为上述两种元素在铅白($Pb_2(OH)_2(CO_3)_2$)内大量存在，而铅白被画家用做颜料已经有两千多年的历史了。铅白由金属铅所制成，而金属铅则由铅矿用熔炼方法提炼出来。在提炼过程中，铅-210 会留在提炼后的金属铅内，然而 90%~95% 的镭-226 会在提炼过程中留在熔渣内而被排出。在铅白刚制成时，因为镭-226 的半衰期为 1600 年，所以衰变成铅-210 的原子数很少。但是，由于铅-210 的半衰期为 22 年，因此铅-210 就会衰变得比较快，而减少了很多铅-210 的原子个数。这种现象会一直下去，直到平衡点，也就是由镭-226 衰变成铅-210 的原子数目，等于由铅-210 衰变成另一种元素的原子数目。又因为从镭-226 衰变成铅-210 之间那些放射性元素的半衰期与 1600 年相比，实在太小，若忽略了它们，也可以说镭-226 衰变产生的铅-210 与铅-210 衰变掉的原子数相等时就是所谓的平衡点。

现在利用上述结论，来估计出在最初制造铅白时，铅-210 的含量有多少。令 $y(t)$ 表示在 t 时刻每克铅白所含铅-210 的原子数目，y_0 是在制造铅白时(t_0 时刻)每克铅白所含铅-210 的原子数目。令 $r(t)$ 为 t 时刻每克铅白中的镭-226 每分钟衰变的原子数目，λ 为铅-210 的衰变常数，则可以得到下列微分方程

$$\begin{cases}\dfrac{\mathrm{d}y(t)}{\mathrm{d}t}=-\lambda y(t)+r(t)\\ y(t_0)=y_0\end{cases} \tag{18.4}$$

当 $r(t)$ 不是常数时，微分方程(18.4)的解析解难以求得。我们的目的是鉴定一张画的真伪，所要鉴定画的历史大都在 300 年左右，同时镭-226 的半衰期则有 1600 年，铅白内含的镭-226 又非常少。为方便起见，不妨假定 $r(t)$ 为一个常数 r，再来求解微分方程(18.4)。两边乘积分因子 $\mu(t)=\mathrm{e}^{\lambda t}$，可以得到 $\dfrac{\mathrm{d}(\mathrm{e}^{\lambda t}y(t))}{\mathrm{d}t}=r\mathrm{e}^{\lambda t}$，即有

$$e^{\lambda t}y(t)-e^{\lambda t_0}y_0=\frac{r}{\lambda}(e^{\lambda t}-e^{\lambda t_0})$$

或者

$$y(t)=\frac{r}{\lambda}(1-e^{-\lambda(t-t_0)})+y_0e^{-\lambda(t-t_0)} \tag{18.5}$$

由于 $y(t)$ 与 r 可以测定出来,若 y_0 已知,由式(18.5)就可以求得 $t-t_0$,画的年代由此就知晓了。基于上述方法,根据表 18.1 所示的米格伦所卖绘画作品中铅-210 和镭-226 的衰变率就可以判定这些名画是真品还是赝品。

实验练习

1.查阅荷兰画家维米尔的相关文献,写一篇文章介绍维米尔的绘画作品;
2.设计推算模型和算法,并根据表 18.1 中数据鉴别表 18.1 中每幅画是否为赝品。

实验拓展

查阅有关碳-14 的资料,总结碳-14 在文物年限鉴别中的应用,并说明为什么鉴别年限有一定的误差。试指出下列问题的错误,并说明碳-14 能否用于刑事案件中受害人死亡时间的鉴定。

一道考题:我国考古学家利用"碳-14 断代法"测定出一种远古人类生活于距今约 50 万年之前,并在其生活的洞穴里发现有厚达 6 米的灰烬,请你判断下列关于这种远古人类的说法正确的是(　　)。

A.已经会人工取火　　　　B.过着群居生活　　　　C.种植粟　　　　D.会制造陶器

实验解答

事实上 y_0 不能直接求得,克服计算 y_0 这个困难的方法之一是假设年代估计 λy_0。由于地球的年代已经非常久远,所以可以想象在铅矿中,铅-210 与镭-226 的衰变情况已达平衡状态。抽取地球上的不同矿石来测定镭-226 的衰变情形,发现镭-226 在不同矿石中,每克每分钟的衰变速率在 0.18~140,所以推得铅-210 在每克铅白内每分钟的衰变情形也大致在这范围之内。由于这个范围太大,因此归纳出来的 y_0 数目也可能会在一段很大的范围内(因为铅-210 的衰变速率与其原子数目成正比),所以不能用这种方法来估计 y_0 之值。但是,还是可用式(18.5)来鉴别出 17 世纪的画与近代的仿制品。若一幅画的年代远比 22 年(铅-210 的半衰期)还久的话,那么,画作颜料中的镭-226 与铅-210 的衰变情况就几乎达到平衡点了。反过来说,若是一幅近几年内的仿制品,比如是 20 年的赝品,那么其颜料中铅-210 的放射性就要比镭-226 的放射性强得多。假设某幅被鉴定的画,其存世约 300 年,令 $t-t_0=300$,由(18.5)式可得

$$\lambda y_0=\lambda y(t)e^{300\lambda}-r(e^{300\lambda}-1) \tag{18.6}$$

若这幅画是近几年来的仿制品,则 λy_0 的值会是一个很大的数,大到令人一看就知道为不可能的情形。但我们又怎样判定哪一个数是合理的,哪一个数大得令人觉得不合理?首先,假设铅白刚制造出来的时候,铅-210 在每克铅白内每分钟的衰变速率为 100,则推算出采出的

矿石中含铀-238的比率约为0.014%。这个含量已算是相当高了,因为地球上所有矿石中铀-238含量的平均数远低于此数。不过,在西半球一些稀有的矿石中,含有2%～3%的铀-238。所以可以说,铅白中铅-210每分钟衰变超过3×10^4个原子(此时在地球上此矿石含铀-238的比率约为5.2%),就是个不合理的数目。

因为在22年后铅-210与钋-210的衰变情形会达到平衡状态,而且以目前已有的计量方式来说,对钋-210的测定比较容易。所以可以用钋-210的测定来代替铅-210的测定。又铅-210的半衰期为22年,故$\lambda=\dfrac{\ln 2}{22}$,即有$e^{300\lambda}=e^{\frac{300}{22}\ln 2}=2^{\frac{150}{11}}$。

若把表18.1中《耶稣与门徒》这张画的钋-210衰变率8.5代入式(18.6)中的$\lambda y(t)$,把镭-226衰变率0.8代入式(18.6)中的r,$\lambda=\dfrac{\ln 2}{22}$,$e^{300\lambda}=2^{\frac{150}{11}}$,则可得

$$\lambda y_0=8.5\times 2^{\frac{150}{11}}-0.8\times(2^{\frac{150}{11}}-1)\approx 9.8050261204056\times 10^4$$

所得到的数字大于3×10^4太多,故可以断定它为一幅假画。其他几幅画也可按此方法鉴别真伪。

实验 19 迭代与分形

实验目的

1. 了解分形的自相似性,掌握通过迭代的方式生成分形图形的基本方法;
2. 通过欣赏美丽的分形图案对分形几何有直观的理解;
3. 了解芒德布罗(Mandelbrot)集和茹利亚(Julia)集。

实验背景

英国的海岸线有多长？一位英国学者、湍流研究的首创者理查德逊(Lewis F·Richaerson,1881—1953),曾对曲折的国境线好奇。他比较了比利时、荷兰、西班牙和葡萄牙的百科全书,发现这些国家对共同边界长度的记载相差 20%。波兰数学家芒德布罗(Mandelbrot,1924—2010)在他的文章里得出结论:任何海岸线在某种意义上是无限长的。这真是与常识相悖。如果无限长,那马拉松运动员怎么能从海岸线一端跑到另一端？

为什么会这样,这里有一个非常重要的概念,叫"尺度"。我们怎么去量海岸线呢？如果用卫星遥感技术去测量,它的分辨率大约为 30 m;如果在地图上量,譬如比例尺是 1∶1000000 的地图,图上 1 cm 就表示实际 10 km,这时很小的半岛就被忽略了。但如果人工步行去度量这个海岸线,就必须绕着半岛的弯量过来。假设这个小小的半岛有足球场大,人工步行测量还不能把一个足球场大的半岛忽略,需要沿海岸线走一圈。进一步设想,如果有一只蚂蚁沿着海岸线爬行,足球大的礁石它都会用"蚁步"去度量。再进一步,在显微镜下,您会发现哪怕是块小石子,也有着丰富的结构。

所以,不同的办法会测量出不同的长度,但对无限长仍表示怀疑。下面我们就在一个有限的区域做一条无限长的曲线,即所谓的"科赫曲线"。

如图 19.1(a)所示,首先画一个正三角形,然后将正三角形的一条边三等分,以中间的三分之一为底边再画一个小的等边三角形,画好以后,把底边去掉。三条边都这样做,得到如图 19.1(b)所示图形。再对图 19.1(b)中每条线作此处理,得到如图 19.1(c)所示图形。如此继续下去,不断把直线段变成折线,得到一个雪花形状的图形,如图 19.1(d)所示。

现在我们来计算这个图形的边长。设等边三角形三边长之和是 3,第一次变化后,边长是原来的 $\frac{4}{3}$,再变一次又乘 $\frac{4}{3}$,变了 n 次以后,边长就是

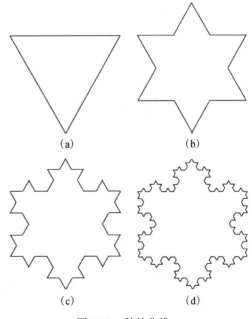

图 19.1 科赫曲线

$3\times\left(\frac{4}{3}\right)^n$,一直变化下去,$n$ 趋于无穷大,于是周长 $\lim\limits_{n\to\infty}\left(3\times\left(\frac{4}{3}\right)^n\right)=\infty$。

通过求极限我们相信海岸线真有可能无限长,关键是用什么去度量。关于科赫曲线我们还可以得到几点启示。关于是否存在一个图形,它有有限的面积,但有无穷的边界长。显然,科赫曲线围着的面积是有限的,证明很简单,记边长为 1 的正三角形面积为 $S=\frac{\sqrt{3}}{4}$,第一次生成的 3 个小三角形的面积为 $3\times\left(\frac{1}{3}\right)^2 S$,第二次生成的 12 个小三角形的面积为 $12\times\left(\frac{1}{3}\right)^4 S$,依次叠加下去,科赫曲线所围面积为

$$\bar{S}=\lim_{n\to\infty}\left(S+\frac{1}{3}S\left(1+\frac{4}{9}+\cdots+\left(\frac{4}{9}\right)^n+\cdots\right)\right)=\frac{8}{5}S=\frac{2\sqrt{3}}{5}$$

另外,注意到科赫曲线的构造的自相似性,它的每一边打开会有一个相似的结构,也就是说整体和局部有着非常强的结构的自相似性。

科赫曲线这个有穷区域的无穷边界线在 20 世纪初让见到它的数学家睡不好觉,它和直觉太不容,和常规太相悖,在当时的数学界被视为一个怪物。因而被扔在角落,无人问津,直到芒德布罗把它捡起,让它复活。芒德布罗把科赫曲线看成是"粗糙而生动的海岸线模型",把它看成是现实世界的图像,用以解释丰富多彩的自然现象。

人类生活的世界是一个极其复杂的世界,例如,喧闹的都市生活、变幻莫测的股市、复杂的生命现象、蜿蜒曲折的海岸线、坑坑洼洼的地面等,都表现了客观世界特别丰富的现象。客观世界中的图形多是不规则的,例如:云朵不是球体或椭圆体,山不是圆锥体,河流不是光滑线段和曲面构成的立体图形,树不是光滑的圆柱体,DNA 的双螺旋线也不是普通的圆柱螺旋线,还有血管的分叉、闪电的路线等。基于传统欧几里得几何学的各门自然科学总是把研究对象想象成一个个规则的形体,而我们生活的世界竟如此不规则和支离破碎,与欧几里得几何图形相比,拥有完全不同层次的复杂性。这些曲线或者图形又如何来描述,它们又有什么样的特点呢?

为了描述这种不同寻常数学和欧氏几何的图形、曲线,芒德布罗创造了一个新词——分形几何。1967 年,芒德布罗教授发表了一篇题为《英国的海岸线有多长》的文章,开启了分形的先河。

"分形"的英文是"fractal",它是芒德布罗根据"碎石"的拉丁文"fractus"的词首和"分数"的英文"fractional"的词尾合成的新词,用以描述那种不规则的、破碎的、琐屑的特征。分形几何提供了一种全新的描述这种不规则复杂现象中的秩序和结构的方法,电子计算机图形显示协助人们推开分形几何的大门。这座具有无穷层次结构的宏伟建筑,每一个角落里都存在无限嵌套的迷宫和回廊,促使科学家们深入研究。多年来分形在自然科学的诸多领域如数学、物理、化学、材料科学、生命科学、地质、地理、天文、计算机乃至经济、社会、艺术等极其广泛的领域取得了惊人的成就,成为当代最具有吸引力的科学研究领域之一。

实验内容

用迭代产生科赫曲线和科赫雪花,熟悉分形产生的迭代过程和分形的重要性质——自相似性和递归原理;用迭代实现谢尔平斯基地毯和人工树的分形,并用 MATLAB 编程生成谢尔平斯基镂垫和人工树。

实验指导

1. 科赫曲线和科赫雪花

科赫曲线有一个很显著的特点:将其分为若干部分,每一个部分都和原曲线形状一样(只是大小不同)。这样的图形叫做"自相似"(self-similar)图形,自相似是分形图形最主要的特征。自相似图形往往是用递归法构造出来的,可以无限地分解下去。

一条科赫曲线包含无数大小不同的科赫曲线,将科赫曲线的尖端部分不断放大,所看到的图形始终和最开始一样。它的复杂性不随尺度减小而消失。另外值得一提的是,这条曲线是一条连续的,但处处不光滑(不可微)的曲线。曲线上的任何一个点都是尖点。表示不同分形图形的标志就是分形图形的维数。在有限空间内就可以达到无限长的分形曲线似乎已经超越了一维的境界,但它又不是二维图形。豪斯多夫(Hausdorff)维数就是专门用来描述这种分形图形的。简单地说,Hausdorff 维数描述分形图形中整个图形的大小与一维大小的关系。

如图 19.2(a)所示,正方形是一个分形图形,因为它可以分成四个一模一样的小正方形,每一个小正方形的边长都是原来的 1/2。当然,也可以把正方形分成 9 个边长为原边长 1/3 的小正方形。事实上,一个正方形可以分割为 a^2 个边长为原边长 $\frac{1}{a}$ 的小正方形。那么指数 2 就是正方形的豪斯多夫维数。矩形、三角形都是一样,a^2 个同样的形状才能拼成一个边长为 a 倍的相似形,因此它们都是二维的。把这里的"边长"理解为一维上的长度,那么 $\frac{1}{a}$ 则是两个相似形的相似比。如果一个自相似形包含自身 N 份,每一份的一维大小都是原来的 $1/s$,则这个相似形的豪斯多夫维数为 $\frac{\ln N}{\ln s}$。一个立方体可以分成 8 份,每一份的一维长度都是原来的一半,因此立方体的维数为 $\frac{\ln 8}{\ln 2}=3$。同样地,一个科赫曲线包含四个小科赫曲线,大小两个科赫曲线的相似比为 1/3,因此科赫曲线的豪斯多夫维数为 $\frac{\ln 4}{\ln 3}\approx 1.26$,是一个介于 1 和 2 之间的实数。

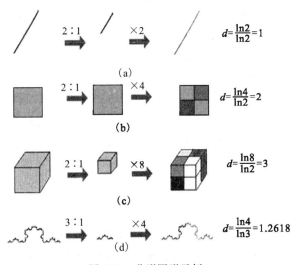

图 19.2 分形图形示例

分形图形也是一种艺术品,例如,把不同大小的科赫雪花拼接起来可以得到很多美丽的图形,如图 19.3 所示。

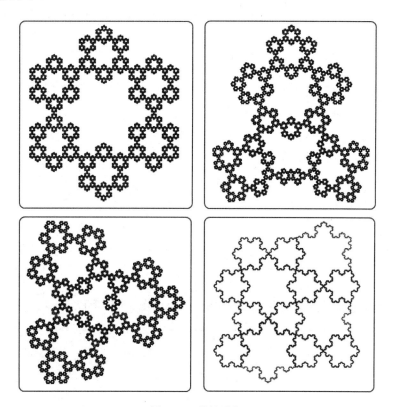

图 19.3　科赫雪花

2.科赫曲线和科赫雪花的 MATLAB 实现

下面是用 MATLAB 中的 plot 函数绘制科赫曲线的 MATLAB 程序代码,这里只绘制出了科赫雪花的三分之一。请编译、运行并改进下述代码,生成科赫曲线。

```
function koch_curve(number)    % number 代表 koch 的阶数,范围为大于等于 2
figure
set(gcf,'position',[0,0,1920,1080]);% 设置窗口分辨率,[0,0]和[1920,1080]分别
% 为窗口左上角和右下角坐标,可根据自己的屏幕分辨率调整
n=2;
koch1=[0,0;1,0];
    for i=1:number
        koch2=zeros(4*n-3,2);
        k=2;
        for j=2:n
            koch2(k,:)=[(koch1(j-1,1)*2+koch1(j,1))/3,(koch1(j-1,2)*2+koch1(j,2))/3];
            koch2(k+1,:)=[(koch1(j-1,1)+koch1(j,1)+sqrt(3)*(koch1(j-
```

```
1,2)-koch1(j,2))/3)/2,(koch1(j-1,2)+koch1(j,2)-sqrt(3)*(koch1(j-1,1)-
koch1(j,1))/3)/2];
            koch2(k+2,:)=[(koch1(j,1)*2+koch1(j-1,1))/3,(koch1(j,2)*2+
koch1(j-1,2))/3];
            koch2(k+3,:)=koch1(j,:);
            k=k+4;
        end
        n=4*n-3;
        x=koch2(:,1);
        y=koch2(:,2);
        plot(x,y)
        axis equal
        koch1=koch2;
        pause(1);
    end
end
```

在命令窗口输入 koch_curve(10),程序执行结果如图 19.4 所示。

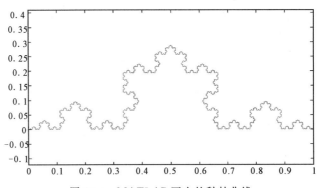

图 19.4　MATLAB 画出的科赫曲线

3.谢尔平斯基镂垫

谢尔平斯基镂垫是由瓦茨瓦夫·谢尔平斯基于 1916 年提出的一种分形,是自相似集的一种。其生成方式是将一个实心正方形划分为 9 个小正方形,去掉中间的小正方形,再对余下的小正方形重复这一操作便能得到谢尔平斯基镂垫,如图 19.5 所示。

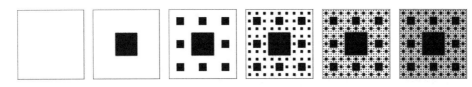

图 19.5　谢尔平斯基镂垫生成过程

下面是实现上述步骤的 MATLAB 代码,请解释、运行并改进下述代码,生成谢尔平斯基镂垫。

```
% Sierpinski
% Square scarpet
clc,clear
x=0;              % 正方形左下顶点的横坐标
y=0;              % 正方形左下顶点的纵坐标
d=1;              % 初始正方形的边长
n=3;              % 迭代次数
for j=1:n
  a=[]; b=[];
  for i=1:length(x)
    x1=x(i)+[0,d/3,2*d/3,0,2*d/3,0,d/3,2*d/3];
    y1=y(i)+[0,0,0,d/3,d/3,2*d/3,2*d/3,2*d/3];
    a=[a,x1];
    b=[b,y1];
  end
  d=d/3;
  x=a;
  y=b;
end
for i=1:length(x)
  fill(x(i)+[0,d,d,0,0],y(i)+[0,0,d,d,0],'r')
  hold on
end
hold off
axis equal
axis square
grid on
```

程序执行结果,如图 19.6 所示。

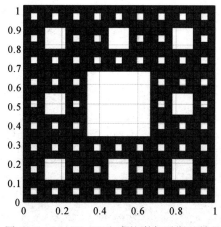

图 19.6 MATLAB生成的谢尔平斯基镂垫

4.分形树

自然界的植物多数具有分形结构,例如树木、蕨类植物、菜花、花朵等,如图19.7所示。

图 19.7 具有分形结构的花草树木

以树木为例,假设一根主干生长出两个侧干(分支),每个侧干又生出两个侧干,重复该过程,就可形成一个疏密有致的树木体。利用分形树的迭代算法,可以对这样的植物体进行模拟。

下面是利用迭代算法生成分叉树的MATLAB具体算法:

```
clear;clc
clf;
for kmax=1:4
    subplot(2,2,kmax)
    theta=pi/6;
    u=[0 0;0 1];
    rov1=[cos(theta),-sin(theta);sin(theta) cos(theta)];
    rov2=rov1';
    % kmax=5;
    for n=1:kmax
        uuu=[];
        for i=0:length(u)/2-1
            p1=(u(2*i+1,:)*2+u(2*i+2,:))/3;
            p2=(u(2*i+1,:)+u(2*i+2,:)*2)/3;
            pp=[(u(2*i+2,1)-u(2*i+1,1));u(2*i+2,2)-u(2*i+1,2)]/3;
            lp=rov1*pp;
            lp=p1+lp';
            rp=rov2*pp;
            rp=p2+rp';
            uu=[u(2*i+1,:);p1;p1;lp;p1;p2;p2;rp;p2;u(2*i+2,:)];
            uuu=[uuu;uu];
        end
        u=[uuu];
        plot(u(:,1),u(:,2),'k')
        axis([-.5,.5,0,1])
```

```
            title({['分形树',strcat('E',num2str(kmax-1))]});
        end
end
```
算法执行结果,如图 19.8 所示。

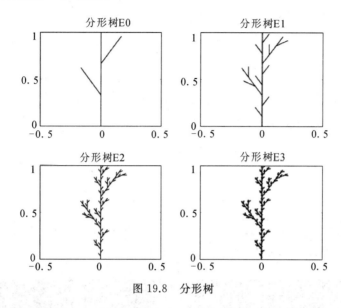

图 19.8 分形树

5.芒德布罗集和茹利亚集

利用复变函数的迭代也可以产生分形图形。如给定初始复数 Z_0,C 是一个复常数,迭代

$$Z_{n+1}=Z_n^2+C, \quad n=0,1,2,\cdots$$

对于给定的初始值,迭代序列 $\{Z_n\}$ 可能有界,也可能趋于无穷大。

如果当 n 趋向于无穷时,迭代序列 $\{Z_n\}$ 有界,则参数 C 属于芒德布罗集

$$M(Z_0)=\{C \mid n\to+\infty 时, Z_n=Z_{n-1}^2+C 有界\}$$

而初始值 Z_0 属于茹利亚集

$$J(C)=\{Z_0 \mid n\to+\infty 时, Z_n=Z_{n-1}^2+C 有界\}$$

下面是 $C=0.2+0.65i$ 时,生成茹利亚集的 MATLAB 源代码。

```
function Julia(c,k,v)
%c:迭代中的复常数
%k:迭代次数
%v:x 轴左下角右下角坐标
if nargin < 3          %nargin 表示函数输入参数数目
    c=0.2+0.65i;
    k=14;
    v=500;
end
%每一点偏离的圆的半径
```

```
r=max(abs(c),2);
%divide the x-axis
d=linspace(-r,r,v);
%创建包含复数的矩阵 A
A=ones(v,1)*d+i*(ones(v,1)*d)';
%创建点矩阵
B=zeros(v,v);
for s=1:k
    B=B+(abs(A)<=r);
    A=A.*A+ones(v,v).*c;
end;
imagesc(B);
colormap(jet);
hold off;
```

程序运行结果如图 19.9(a)所示。当 $Z_0=0.11+0.66i, Z_0=i, Z_0=-1, Z_0=0.3+0.56i$ 时,图形分别如图 19.9(b)、19.9(c)、19.9(d)所示。

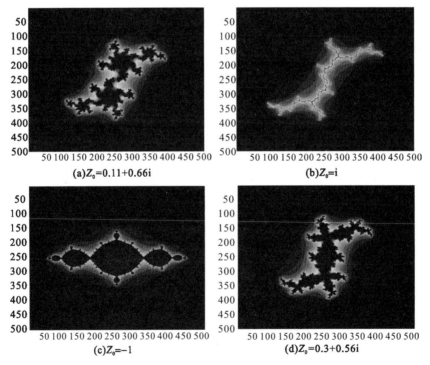

图 19.9 Z_0 不同时生成的茹利亚集图形

实验练习

1.参照科赫曲线程序,编写 MATLAB 代码绘制如图 19.10 所示图形产生的迭代图。

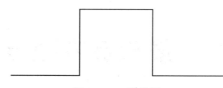

图 19.10　折线图

2.用 MATLAB 编程实现分形递归生成谢尔平斯基三角,如图 19.11 所示,并计算其维数。

图 19.11　谢尔平斯基三角

3.利用分形树生成的代码,用 MATLAB 编程实现如图 19.12 所示的植物体的递归生成。

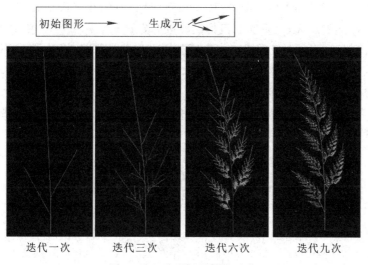

图 19.12　分形树的形成过程

4.绘制芒德布罗集,并任意选取局部进行放大,观察芒德布罗集和茹利亚集的关系。

实验拓展

查阅有关迭代函数系统的文献,了解分形和分形维数的概念、分形和混沌的关系。

实验 20 洛伦茨方程与混沌

实验目的

1. 了解混沌的概念；
2. 了解混沌产生的原因；
3. 了解混沌的定量描述；
4. 认识混沌现象及其蕴涵的规律性。

实验背景

爱德华·洛伦茨(Edward Lorenz,1917—2008)曾是一位在美国麻省理工学院做气象研究的科学家。1963 年的一天,气象学家洛伦茨踱进麻省理工学院的咖啡馆,而在他进来之前,他刚把一个数据输入他那台现在看来工作速度其慢无比的计算机,以验证上一次计算的结果。他知道结果还需要等一个多小时才能出来,他大可一边躲开噪音,一边来悠闲地享受点咖啡。当他回到自己的工作室时,令他惊讶的事发生了:这次的结果与上次的结果在开始时相同,但到后面却出现了很大的差异。他的结果是通过曲线表示的,如图 20.1 所示,这就是说两条曲线只是在开始时相吻合,而到后来却分道扬镳了。

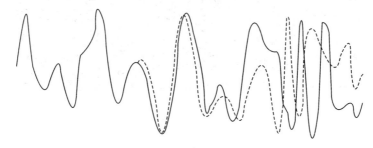

图 20.1 洛伦茨前后两次实验结果图

问题出在计算机上吗？要知道,那时的计算机是经常出错的。但洛伦茨通过再次验证排除了这种可能。那么原因何在？不久他就找到了缘由。在初次计算中,他输入的值是 0.506127,而在后来的计算中,他输入的值是 0.506。两者相差甚微,用后者替换前者按常理说应无不可。然而,问题就出在这里。由于误差会以指数形式增长,在这种情况下,一个微小的误差随着不断推移造成了巨大的后果。1963 年《大气科学》杂志发表了《决定性的非周期流》一文,阐述了在气候不能精确重演与长期天气预报者无能为力之间必然存在着一种联系,这就是非周期性与不可预见性之间的关系。1972 年 12 月 29 日,洛伦茨在美国科学发展学会第 139 次会议上发表了题为《蝴蝶效应》的论文,提出一个貌似荒谬的论断:在巴西一只蝴蝶翅膀的拍打能在美国得克萨斯州产生一个龙卷风,并由此提出了天气的不可准确预报性。洛伦茨的论文发表在《大气科学》杂志上,当时并没有引起注意。而真正最早给出混沌的第一个严格数学定义的人是李天岩。他和约克教授受到洛伦茨论文的启发,在 1975 年 12 月《美国数学月刊》上发表了一篇论文《周期 3 意味着混沌》,在这篇文章中,他们正式提出混沌(chaos)一词,并给出它的定义和一些有趣的性质。此后由于著名生态学家梅(May)的大力宣传,chaos 一词不胫而走,渐渐被广大学者所认知。紧接着在 1978 年,费根鲍姆(Feigenbaum)利用梅的模型发现了倍周期分叉进入混沌的道路,并获得了一些普适性常数,这更引起了数学界及物理学界的广泛关注。与此同时,芒德布罗(Mandelbrot)用分形一词来描述自然界中传统的欧几里得几何所不能描述的一大类复杂无规则的几何对象,使混沌现象中的奇怪吸引子有了对应的数学模型。

自然界中更多的是非线性系统,自然现象就其本质来说,是复杂而非线性的。因此,混沌现象是大自然中常见的普遍现象。当然,许多自然现象可以在一定程度上近似为线性,这就是迄今为止传统物理学和其他自然科学的线性模型能取得巨大成功的原因。

随着人类对自然界中各种复杂现象的深入研究,各个领域越来越多的科学家认识到线性模型的极限,非线性研究已成为 21 世纪科学研究的前沿。

混沌现象表明,避开微观世界的量子效应不说,即使在只遵循牛顿定律的、通常尺度下的、完全决定论的系统中,也可以出现随机的行为。除了广泛存在的外在随机性之外,确定论系统本身也普遍具有内在的随机性。也就是说,混沌能产生有序,有序中也能产生随机的、不可预测的混沌结果。即使某些决定的系统,也表现出复杂的、奇异的、非决定的、不同于经典理论可预测的长期行为。

从另一个角度说,混沌理论揭示了有序与无序的统一、确定性与随机性的统一,使得决定论和概率论,这两大长期对立、互不相容、对立统一的自然界的描述体系之间的鸿沟正在逐步消除。有人将混沌理论与相对论、量子力学同列为二十世纪最伟大的三次科学革命,认为牛顿力学的建立标志着科学理论的开端,而包括相对论、量子物理、混沌理论三大革命的完成,则象征着科学理论的成熟。

实验内容

查阅资料,了解洛伦茨方程和洛伦茨吸引子,能够验证洛伦茨方程对初值的敏感性,会用 MATLAB 程序对洛伦茨方程组的不同初值求解,并画出相应的曲线,了解该方程的洛伦茨吸引子;建立虫口的逻辑斯谛(Logistic)模型,了解分岔和倍周期的现象,求出虫口模型的费根鲍姆常数。

实验指导

1. 洛伦茨方程求解

本小节说明用 MATLAB 工具箱求解洛伦茨方程的过程,并给出吸引子的三维动态图像。洛伦茨方程如下:

$$\begin{cases} \dfrac{\mathrm{d}x}{\mathrm{d}t} = -10x + 10y \\ \dfrac{\mathrm{d}y}{\mathrm{d}t} = 28x - y - xz \\ \dfrac{\mathrm{d}z}{\mathrm{d}t} = xy - \dfrac{8}{3}z \end{cases} \qquad (20.1)$$

这是一个自洽的方程组,求解过程如下:
(1)建立自定义函数:
%Lorenz.m 文件:
function dy=Lorenz(t,y)   % y(1)=x, y(2)=y, y(3)=z
dy=zeros(3,1);
dy(1)=10*(-y(1)+y(2));
dy(2)=28*y(1)-y(2)-y(1)*y(3);
dy(3)=y(1)*y(2)-8*y(3)/3;
(2)用 ode45 命令求解:
[t,y]=ode45(@Lorenz,[0,30],[12,2,9]);
subplot(2 2 1);
plot(t,y(:,1));
subplot(2 2 2);
plot(t,y(:,2))
subplot(2 2 3);
plot(t,y(:,3))
subplot(2 2 4);
plot3(y(:,1),y(:,2),y(:,3))
view([20 42]);
求解结果如图 20.2 所示。

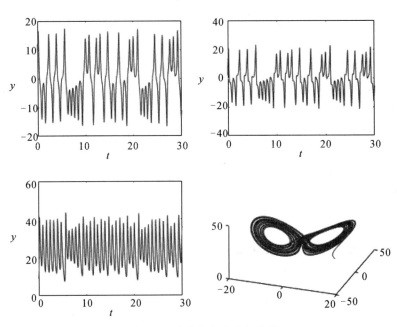

图 20.2　洛伦兹方程求解结果

(3)动态显示吸引子的绘制过程:
[t,y]=ode45(@Lorenz,[0 30],[12 2 9]);

```
clf;
axis([-20 20 -25 25 10 50]);
view([20 42]);
hold on;
comet3(y(:,1),y(:,2),y(:,3));         %显示吸引子的绘制过程
```
(4)生成动画：
```
[t,]=ode45(@Lorenz,[0 30],[12 2 9]);
m=moviein(100);
axis([-20 20 -25 25 -10 50]);
shading flat;
h=plot3(y(:,1),y(:,2),y(:,3));
for j=1:100
    rotate(h,[0 0 1],1.8);        %沿 Z 轴旋转
    axis([-20 20 -25 25 -10 50]);
    shading flat;
    m(:,j)=getframe;
    [X,map]=getframe;
    imwrite(X,map,['Lz' int2str(j) '.bmp'],'bmp');  %写入 bmp 文件
end
movie(m,5)                        %循环播放 5 次
```
(5)验证蝴蝶效应：
```
clf;
[t,u]=ode45('Lorenz',[0 6],[12 2 9]);
plot(t,u(:,3),'color','r');
hold on;
[t,v]=ode45('Lorenz',[0 6],[12 2.01 9]);
plot(t,v(:,3),'color','b');
[t,w]=ode45('Lorenz',[0 6],[12 1.99 9]);
plot(t,w(:,3),'color','k');
hold off
```

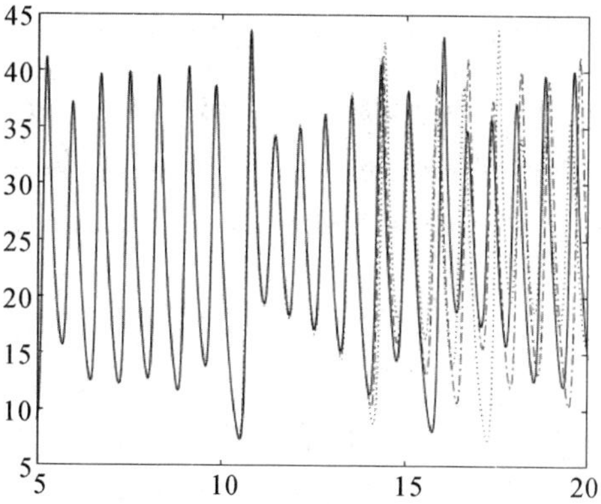

图 20.3　验证蝴蝶效应图

程序运行结果如图 20.3 所示。

2.虫口模型及其倍周期

假定有某种昆虫,在不存在世代交叠的情况下,即每年夏天成虫产卵后全部死亡,第二年春天每个虫卵孵化为虫。γ 为产卵率,将一年作为一代,把第 i 代的虫口记为 N_i,N_0 为开始的昆虫数量,则有 $N_{i+1}=\gamma N_i=\gamma^{i+1}N_0$。当 $\gamma>1$ 时,N_i 增长很快,会发生"虫口爆炸"。但虫口太多,由于争夺有限的食物和生存空间而不断发生咬斗事件,也可能因接触感染而导致疾病蔓延,这些又会使虫口数目减少,减少数量正比于虫口当前数量 N_i 的平方。

$$N_{i+1}=\gamma N_i(1-N_i)$$

假定自然环境的限制，允许的最大虫口数量为 N，令 $x_i=\dfrac{N_i}{N}$，则该模型变为

$$x_{i+1}=\gamma x_i(1-x_i)$$

相对虫口数 x_i 不会大于 1，$x_i \in [0,1]$，$x_{i+1} \in [0,1]$，$\gamma > 0$ 为虫口的生殖增长率。这里 x_i 是状态量。

当 γ 固定后，选择初值可以进行递推迭代。MATLAB 迭代程序如下：

```
function y=chongkou(gamma,x0)
N=32;         % 显示迭代结果的最后 N 个值
y=zeros(N,1);
for i=1:1e6
    x1=gamma*x0*(1-x0);
    x0=x1;
    y(mod(i,N)+1)=x1;
end
```

通过输入参数 γ 和不同的初始值，就可以得到数值迭代的结果：

(1) $\gamma=0.8$ 时，不同初值经过迭代都逐渐达到同一稳定值零点。这是由于 $0 \leqslant x_{i+1} \leqslant \gamma x_i$，对任意 $x_0 \in [0,1]$，必定有 $x_0 \to 0$ $(n \to +\infty)$，这意味着食物供应不足的情况下，昆虫逐渐灭亡了。

(2) $\gamma=1.8$ 时，任取不同 $x_0 > 0$ 初值经过迭代都逐渐达到同一稳定值 0.4444，如取 $x_0=0$，则得到另一个稳定零点。可以从方程 $x=\gamma x(1-x)$ 解出其两个不动点 $x_1^*=0, x_2^*=1-\dfrac{1}{\gamma}$。

(3) $\gamma=3.2$ 时，当 n 足够大时 x_i 在两个稳定点 0.8022 与 0.5093 来回振动，系统迭代结果出现 2 倍周期分岔，虫口今年多、明年少，反复循环。事实上，由 $f(x)=\gamma x(1-x)$，可以求出 $x=f^2(x)$ 有四个解：$x_1^*, x_2^*, x_3^*, x_4^*$，前两个解不满足 $x \neq f(x)$，后两个解满足，它们为

$$x_3^*, x_4^* = \dfrac{1}{2\gamma}[1+\gamma \pm \sqrt{(\gamma+1)(\gamma-3)}]$$

这两个点称为周期 2 点，对应的轨道称为周期 2 轨道。

(4) $\gamma=3.5$ 时，系统迭代结果最终在 4 个稳定点 0.5009、0.8750、0.3828 和 0.8269 间周期振动，出现 4 倍周期分岔。不难想象，这 4 个点是满足 $x=f^n(x), x \neq f^k(x), k=1,2,\cdots,n-1$ 的点，也就是 $x=f^n(x)$ 的不动点。

(5) $\gamma=3.7$ 时，系统发生突变，看不出稳定点，系统失稳，出现混沌振动，迭代结果似乎是一些随机序列，杂乱无章。

(6) $\gamma=3.8$ 时，x_0 分别取 0.1001 和 0.1002，迭代结果对初值敏感，初值"差之毫厘"，结果"失之千里"，这是一种对初始条件敏感依赖的混沌现象。

混沌的出现，与参数 γ 的数值有关，γ 越大，混沌出现的概率就越大。这其中有何奥秘呢？我们回到虫口描述的生态学，回忆一下参数 γ 的意义是什么？γ 是群体数的线性增长率，与出生率有关。想到这点，我们恍然大悟：如果 γ 比较大，群体繁殖得太多了，数目增长太快，增加社会不稳定的因素，当然就容易造成混乱，令混沌现身！

虫口模型具有对初始条件敏感依赖性,是一个由倍周期分岔通向混沌的例子。为了更全面地了解虫口模型演化过程,可以对控制参量所有可能出现的值进行迭代计算分析并绘制图形。MATLAB程序如下:

```
clc,clear all
for r=2:0.01:4
    x = 0.5;
    for i=2:100
        x(i) = r*x(i-1)*(1-x(i-1));
    end
    for i=50:100
        plot(r,x(i),'k.');
        holdon;
    end
end
title('倍周期分岔','fontsize',18);
xlabel(' ','fontsize',20);
ylabel('Xe','fontsize',20);
hold off;
```

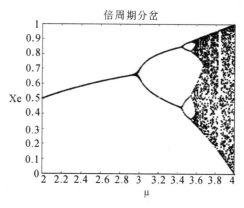

图 20.4　相对虫口数目随 γ 变化的迭代结果

程序运行情况,如图 20.4 所示。

从这幅图中可以看出 γ 值在系统迭代之后对最终状态的影响。

在 $0<\gamma<1$ 范围内,系统只有一个稳定的平衡点,即零点。这是一个最普通的 1 周期解,对应系统的稳定态。

在 $1<\gamma<3$ 范围内,迭代也是收敛的,迭代结果总是趋向于一个稳定的不动点,这是一个非零的 1 周期解,同样对应系统的稳定状态。显然,γ 在此范围内非线性尚未显示什么作用。

在 $3<\gamma<3.5699$ 范围内迭代结果开始出现跳跃情况,倍周期分岔开始。其中系统在 $3\sim3.449$ 之间为 2 周期,在 $3.449\sim3.544$ 之间为 4 周期……随着 γ 的增加,分岔越来越密,混沌程度越来越高,直至 $\gamma=3.5699$ 时分岔周期变为 ∞,最后"归宿"可取无穷多的不同值,表现出极大的随机性。而周期无穷大就等于没有周期,此时系统开始进入完全的混沌状态,混沌状态的 γ 范围为 $[3.5699,4]$。

美国物理学家费根鲍姆(Mitchell Feigenbaum)敏锐地觉察到了系统在 $3<\gamma<3.5699$ 时存在几何收敛的周期倍分岔现象的规则性,对收敛的速度——标度比的值进行了深入的探讨。他很快发现,相继的分岔点之差具有恒定的比率。这个恒定比率意味着标度率,表明物理学特征必在愈来愈小的标度上再现,这个恒定比率极为重要,被称为费根鲍姆常数。

假设 γ_n 为第 n 个分岔点的参数值,相邻分岔点间隔随着分岔过程越来越小,通过计算得出,当 $n\to\infty$ 时相邻分岔点间隔之比必趋于费根鲍姆常数 δ,即

$$\delta = \lim_{n\to\infty}\frac{\gamma_n-\gamma_{n-1}}{\gamma_{n+1}-\gamma_n} = 4.66992016099909\cdots$$

费根鲍姆常数的发现,与普朗克常数 h、光速 c 的发现一样,已成为物理学理论发展史上的一个重要里程碑。它标志着混沌理论的相对成熟,意义十分深远。

由此可见,一个生态方程——虫口模型,专家学者不断地对其进行探索研究,从中获得了许多非线性动力学系统的特性,找到了混沌现象的深层规律,建立起一门崭新的科学理论。

实验练习

1. 查阅有关混沌的文献,编写一篇混沌的简介。

2. 设计 $x_{n+1} = \lambda \sin(\pi x_n)$ 的迭代算法,$\lambda \in [0,1]$,使用 MATLAB 计算随着 λ 逐渐增大时的倍周期和分岔现象及费根鲍姆常数。

3. 对虫口模型,用蛛网迭代的方法利用 MATLAB 编程进行计算机作图,考察由 x_0 出发的轨道情况。

实验拓展

查阅资料,用混沌游戏即随机的方式生成分形树和谢尔平斯基三角形。

附录1　MATLAB程序设计基础

　　MATLAB是美国MathWorks公司出品的商业数学软件,用于数据分析、无线通信、深度学习、图像处理与计算机视觉、信号处理、量化金融与风险管理、机器人、控制系统等领域。

　　MATLAB是Matrix和Laboratory两个单词的组合,意为矩阵工厂(矩阵实验室),软件主要面对科学计算、可视化以及交互式程序设计的高科技计算环境。它将数值分析、矩阵计算、科学数据可视化以及非线性动态系统的建模和仿真等诸多强大功能集成在一个易于使用的视窗环境中,为科学研究、工程设计以及必须进行有效数值计算的众多科学领域提供了一种全面的解决方案,并在很大程度上摆脱了传统非交互式程序设计语言(如C、Fortran)的编辑模式。

　　MATLAB和Mathematica、Maple并称为三大数学软件。它的数值计算功能在数学类科技应用软件中首屈一指。MATLAB可以进行矩阵运算、绘制图形表示函数和数据、实现算法、创建用户界面、连接其他编程语言的程序设计等。MATLAB的基本数据单位是矩阵,它的指令表达式与数学、工程中常用的形式十分相似,故用MATLAB来解决计算问题要比用C、Fortran等语言实现相同功能简捷得多,并且MATLAB吸收了Maple等软件的优点,成为一个强大的数学软件。MATLAB较新的版本中加入了对C、Fortran、C++、Java等语言编写的程序的支持,使得其应用范围更加广泛、功能更加强大。2006年起,MATLAB每年更新两次,到目前为止,最新版为R2021b。

　　MATLAB的主要特点如下:

　　(1)运算符和库函数极其丰富,语言简洁,编程效率高。MATLAB除了提供和C语言一样的运算符外,还提供广泛的矩阵和向量运算符。MATLAB利用运算符和库函数可使程序相当简短,两三行语句就可实现几十行甚至几百行C或Fortran语言编写的程序功能。

　　(2)既有结构化的控制语句(如for循环、while循环、break语句、if语句和switch语句),又有面向对象的编程特性。

　　(3)图形功能强大。它既包括对二维和三维数据可视化、图像处理、动画制作等高层次的绘图命令,也包括可以完全修改图形局部及编制完整图形界面的、低层次的绘图命令。

　　(4)功能强大的工具箱。工具箱可分为两类:功能性工具箱和学科性工具箱。功能性工具箱主要用来扩充其符号计算功能、图示建模仿真功能、文字处理功能以及与硬件实时交互的功能。而学科性工具箱是专业性比较强的,如优化工具箱、统计工具箱、控制工具箱、小波工具箱、图像处理工具箱等。

　　(5)易于扩充。除内部函数外,所有MATLAB的核心文件和工具箱文件都是可读可改的源文件,用户可修改源文件和加入自己的文件,它们可以与库函数一样被调用。

　　由于MATLAB编程方便,有大量内部函数和工具箱可以使用,作图也十分方便,因此在数学实验和数学建模竞赛中,经常使用MATLAB作为编程工具。下面就根据数学实验的需要,对MATLAB作简单介绍。

一、MATLAB 环境介绍

MATLAB既是一种语言,又是一个编程环境。本节将集中介绍MATLAB提供的编程环境。作为编程环境,MATLAB提供了很多方便用户管理变量、输入输出数据以及生成和管理M文件的工具。所谓M文件,就是用MATLAB语言编写的、可在MATLAB中运行的程序。

1.安装(Windows操作平台)

(1)从MATLAB官网下载软件,解压到足够空间的电脑硬盘;
(2)在文件夹的根目录下找到MATLAB的安装文件setup.exe;
(3)鼠标双击该安装文件,按提示逐步操作安装;
(4)安装完成后,在程序栏里便有了MATLAB选项。

2.启动

在"开始"→"程序"中单击MATLAB,便出现了MATLAB桌面,如附录图1.1所示。

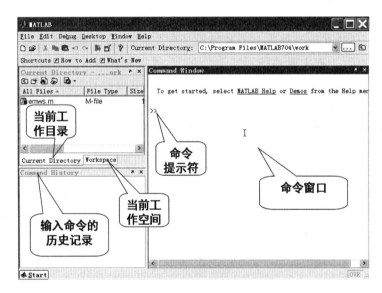

附录图1.1 MATLAB桌面

3.MATLAB环境

1)命令窗口(Command Window)

命令窗口是MATLAB十分重要的组成部分,是用户与MATLAB进行交互的主要场所,它是直接运行函数或脚本的窗体。这里只简单介绍一些最简单、最直接的命令输入,以让大家对MATLAB的使用方法有个良好的初始感受。学习MATLAB最好的方法就是例程,通过例程归纳出MATLAB最基本的规则和语法结构。

附录图1.2是从MATLAB桌面分离出的命令窗口,分离的方法是单击该窗口右上角箭头■,组合命令窗口可以单击右上角箭头■,当然也可以通过MATLAB桌面上菜单Desktop命令实现分离与组合命令窗口。分离后的命令窗会带上MATLAB桌面的菜单项。下面简单介绍如何使用命令窗口。

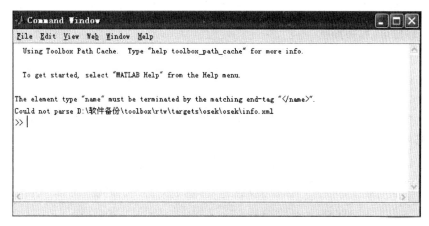

附录图 1.2　MATLAB 命令窗口

在输入等待符前都有">>"来表示输入命令行,通过键盘可以输入命令来运行 MATLAB 程序。

附录例 1-1　求 $[7\times(5-2)+6]\div 3^2$ 的算术运算结果。

>>(7*(5-2)+6]/3^2

% 用键盘在 MATLAB 命令窗口输入以上内容,按 Enter 键,该命令行即被执行

% 该命令执行的结果会显示在命令窗中,如下

ans=

　　3

说明:

① 在命令行前都有一个">>"提示符,本书输入的程序或函数将不再使用该提示符。

② 在计算结果中显示的"ans"是英文"answer"的缩写,其含义是"运算答案",它是 MATLAB 运算结果的默认变量。

③ 若在表达式后面加上分号";",将不显示运算结果,这对有大量输出数据的程序特别有用。

④ 百分号"%"表示后面是不被执行的注释段,恰当的注释可以保证程序的可读性。

⑤ 若一行命令太长写不下,可换行,但必须在行尾加上三个英文句号"…"。

附录例 1-2　计算 $y=\dfrac{\sqrt{10}\sin(0.6\pi)}{2+\sqrt{7}}$ 的值,在 MATLAB 命令窗中输入如下代码:

>>y1=sqrt(10)*sin(0.6*pi)/(2+sqrt(7))

% 按 Enter 键后,命令计算结果为:

y1=

　　0.6474

上面的操作和计算结果会保存在命令历史和工作空间中,因此,假如用户调用前面输入的命令重新运行,或希望加以修改后再运行,只要按"↑"键,从命令历史中调出这个命令到当前输入行,以供重新运行或修改后运行。新的结果不会影响之前生成(非同名)变量的计算结果。

利用命令回调计算 $y=\dfrac{\sqrt{10}\cos(0.6\pi)}{2+\sqrt{7}}$ 的值,用"↑"调回上面输入的命令,把 y1 改为 y2,把 sin 改为 cos 即可,程序如下

>>y2=sqrt(10)*cos(0.6*pi)/(2+sqrt(7))
y2=
    −0.2103

反复使用"↑"键,可以回调以前键入的所有命令行。附录表 1.1 给出了 MATLAB 的部分控制键及其作用。

附录表 1.1 命令窗口的控制键功能

控制键	相应快捷键	功能
↑	Ctrl+p	重调前一行
↓	Ctrl+n	重调后一行
←	Ctrl+b	向左移一个字符
→	Ctrl+f	向右移一个字符
Ctrl→	Ctrl+r	向右移一个字
Ctrl←	Ctrl+l	向左移一个字
Home	Ctrl+a	移动到行首
End	Ctrl+e	移动到行尾
Esc	Ctrl+u	清除一行

和大多数编程语言一样,MATLAB 也有自己定义变量的一套方法,但是和其他编程语言的显著差别就是变量在使用前不需要预声明也不需要指定类型,MATLAB 会自动识别处理。如附录例 1-2 中变量 y2 没有被预说明也没有被指定类型。MATLAB 的变量定义规则如下:

①变量名区别大小写;
②变量名以字母开头,后面可跟字母、下划线和数字,但是不能有空格符、标点等;
③变量名不能超过 31 个字符。

在 MATLAB 命令窗中输入 clear 可以清除已经存在的变量。但是在 MATLAB 中存在一组特殊的变量,每当 MATLAB 启动,这些变量就会自动生成。附录表 1.2 列出了 MATLAB 预定义的变量。注意在编写命令或程序时,不要给它们重新赋值,以免混淆。另外,这些 MATLAB 预定义的变量也无法被 clear 清除,但被重新赋值后,清除时只是返回系统初值。

附录表 1.2 MATLAB 预定义的变量

变量	说明
ans	用于结果的缺省变量名
eps	圆周率 π
pi	计算机的最小数,当和 1 相加就产生比 1 大的数
inf	无穷大 ∞

续表

变 量	说 明
NaN	不定量,如 0/0
i 或 j	虚数单位 i=j=$\sqrt{-1}$
realmin	最小可用正实数
realmax	最大可用正实数

2) 工作空间(Workspace)

在 MATLAB 中,工作空间(Workspace,简称工作间)是一个十分重要的概念,它是接收 MATLAB 命令的内存区域,存储着命令窗口输入的命令和创建的所有变量值。

每打开一次 MATLAB,系统会自动建立一个工作区,刚打开时工作区中只有 MATLAB 提供的几个变量,如附录表 1.2 所列的 pi、虚数单位 i 等。运行 MATLAB 的程序或命令时, 产生的所有变量被加入工作区。除非用特殊的命令删除某变量,否则该变量在关闭 MAT-LAB 前一直保存在工作区。工作区在 MATLAB 运行期间一直存在,关闭 MATLAB 后,工 作区自动消除。以下列出常用的工作间命令。

可以随时查看工作区中的变量名和变量值:

who 或 whos:显示当前工作区中的所有变量;

clear:清除工作区中的所有变量;

clear(变量名):清除指定的工作区变量。

工作空间中的所有变量可以保存到一个文件中,便于以后调用:

save(文件名):将当前工作空间的变量储存到一个 M 文件中;

load(文件名):调出一个 M 文件。

3) 历史浏览器(Command History)

历史浏览器是管理命令历史的工具。选择菜单"Desktop"→"Command History"即可打 开命令历史浏览器(系统默认组合在 MATLAB 桌面上)或在命令窗中执行命令 command history。

命令窗口中运行的命令将保存在历史浏览器中,历史命令可以在命令窗口中用"↑""↓" 键再次调用出来执行,也可以直接在历史浏览器中双击选择需要再次执行的命令,或者用复制 粘贴来实现历史命令导入命令窗。通过命令历史浏览器用户可以了解以前做过的工作。

4) 程序编辑器

MATLAB 提供了一个内置的具有编辑功能和调试功能的程序编辑器,编辑器窗口也有 菜单栏和工具栏,使编辑和调试程序非常方便。当解决一个具体的问题,要求执行的命令数比 较多,或要改变变量的值后,重新执行一系列的命令时,在 MATLAB 命令窗口键入命令,逐行 执行,就非常麻烦。此时可进入程序编辑器编写 MATLAB 程序即 M 文件。M 文件包含两 类:命令文件和函数文件,这两类文件都可被别的 M 文件调用。

(1)M 文件的建立。

①进入程序编辑器(matlab Editor/Debug):从"File"菜单中选择"New"及"M - file"项或 单击"New M - file"按钮;

②输入程序:在"matlab Editor/Debug"窗口输入 MATLAB 程序;

③保存程序:单击"save"按钮,出现一个对话框,在文件名框中键入一个文件名,单击"保

存"按钮。

一个 M 文件便保存在磁盘上了,便于修改、调用、运行和今后访问。

(2) 命令 M 文件及其运行。

命令文件没有输入参数,也不返回输出参数,只是一些命令行的组合。命令 M 文件中的命令可以访问 MATLAB 工作区中的所有变量,而且其中的所有变量也成为工作区的一部分。命令文件运行结束,命令文件产生的变量保留在工作区,直至关闭 MATLAB 或用命令删除。下面是命令文件的例子。

附录例 1-3 命令 M 文件例程,代码如下:

```
% 文件名 example.m
x=4; y=6; z=2;
items=x+y+z
cost =x*25+y*22+z*99
average_cost=cost/items
```

当这个文件在程序编辑窗口输入并以 example.m 为名存磁盘后,只需要简单地在 MATLAB 命令编辑窗口键入 example 即可运行,并显示同命令窗口输入命令一样的结果。

上例运行结果如下

```
example
items=
       12
cost=
       430
average_cost=
       35.8333
```

用户可以重复打开 example.m 文件,改变 x,y,z 的值,保存文件并让 MATLAB 重新执行文件中的命令。若将 example.m 文件放在自己的工作目录下,那么在运行 example.m 之前,应该先使该目录处于 MATLAB 的搜索路径上。可以选择"File"菜单下的"Set Path"项,打开路径浏览器把该目录永久地保存在 MATLAB 的搜索路径上,也可在运行该程序前临时让 MATLAB 搜索该目录,键入"path(path,'c:\mypath')"(假定 example.m 保存在 c 盘 mypath 目录下)。

(3) 函数 M 文件及其调用。

在 MATLAB 编辑窗口还可以建立函数 M 文件,可以根据需要建立自己的函数文件,它们能够像库函数一样方便地调用,从而可扩展 MATLAB 的功能。如果对于一类特殊的问题,建立起许多函数 M 文件,就能形成工具箱。需要强调的是:函数 M 文件的第一行有特殊的要求,其形式必须为

function[输出变量列表]=函数名(输入变量列表)

函数体语句

注意:函数 M 文件的文件名必须与其函数名相同。

附录例 1-4 一个只有两行的函数 M 文件,代码如下:

```
function f=fun(x)
f=100*(x(2)-x(1)^2)^2-(1-x(1))^2;
```

一旦该函数文件建立,在 MATLAB 的命令窗口或别的 M 文件里,就可用下列命令调用:
x=[2 3];
f=fun(x)
结果为
f=
　　99

附录例 1-5 输出变量多于 1 个的 M 文件,代码如下:
function[F,G]=fun2(x)
F=2*x(1)^2+2*x(2)^2−2*x(1)*x(2)−4*x(1)−6*x(2);
G=[x(1) + 5 * x(2) −52*x(1)^2−x(2); −x(1)− x(2)];
可用下面的命令调用:
x1=[4 5];
[F1,G1]=fun2(x1)
结果为
F1=
　　−4
G1=24　　27
　　−4　　−5

注意:
①输出变量如果多于 1 个,则应该用方括号括起来;输出变量应该用逗号隔开;当函数无输出参数时,输出参数项空缺或者用空的中括号表示。如:
function printresults(x)或 function []=printresults(x)
②函数 M 文件不能访问工作区中的变量,它的所有变量均为局部变量,只有输入、输出变量才保留在工作区。

(4)文件管理。文件管理指令如下所示:
what:返回当前目录下 M、MAT、MEX 文件的列表;
dir:列出当前目录下的所有文件;
cd:显示当前的工作目录;
type test:在命令窗口下显示 test.m 的内容;
delete test:删除 M 文件 test.m;
which test:显示 M 文件 test.m 所在的目录。

5)帮助系统
MATLAB 主要从以下几个途径为用户提供帮助:帮助命令、帮助窗口、MATLAB 帮助台和在线帮助(对于联网用户),下面分别介绍。

(1)帮助命令。帮助命令是查询函数语法的最基本方法,查询信息直接显示在命令窗口,这对于记得函数名而对函数用法忘记或者记得不太清楚的情况十分有效。
①help 函数名↙　　%可寻求关于某函数的帮助
例如,键入:
help sqrt↙

显示：

SQRT square root. …

注意：帮助文本中的函数名 SQRT 是大写的，以突出函数名，但在使用函数时，应用小写 sqrt。

MATLAB 按照函数的不同用途分别将其存放在不同的子目录下。用"help toolboxname"可以显示某一类的所有函数。

help comm↙　　％显示通信工具箱函数

Communicais Toolbox

　　Version 3.0 (R14) 05－May－2004

Signal Sources

　　Randerr　－Generate bit error patterns

　　Randint　－Generate matrix of uniformly distributed random integers

　　……　％后面显示的内容省略，请自己执行查看详细信息

②lookfor 关键词↙　　％通过搜索所有 MATLAB 下的 help 子目录标题与 MATLAB 搜索路径中 M 文件的第一行，返回包含所指定关键词的那些项，最重要的是关键词不一定是命令。

例如，键入

lookfor complex

显示：

CONJ　　　Complex conjugate

IMAG　　　Complex imaginary part

REAL　　　Complex real part …

demo　　　可浏览例子和演示

help demo　将给出所有的演示题目

(2)帮助窗口。帮助窗口给出的信息与帮助命令给出的信息内容一样，但在帮助窗口给出的信息按目录编排，比较系统，更容易浏览与之相关的其他函数。在 MATLAB 命令窗口中有三种方法进入帮助窗口：

①双击菜单条上的问号按钮。

②键入"helpwin"命令。

③选取帮助菜单里的"Help Window"项。

二、MATLAB 基本函数(数据结构及其运算)

MATLAB 中最核心的内容就是数组(或矩阵)和数组运算，掌握数组和数组运算是学好 MATLAB 的前提条件。标量可看作是 1×1 型的矩阵，向量可看作是 $1\times n$ 或 $n\times 1$ 的矩阵。一维数组是向量，二维数组便是矩阵，还有三维甚至更高维的数组。标量运算是数学的基础，然而，当需要对多个数执行同样的运算时，采用数组或矩阵运算将非常简洁和方便。

1. 数组和矩阵的创建

1)一维数组的生成和操作

直接定义生成一个一维数组常用的方法有以下 4 种,当然也可以根据自己的需要,按照自己的要求生成自己所需的数据,其元素可以是有实际值的算术表达式。

(1)逐个元素输入法。例如,键入 x=[2 pi sqrt(3) 3+5i]或者 x=[2, pi, sqrt(3), 3+5i],回车,输出

x=

  2.0000 3.1416 1.7321 3.0000 + 5.0000i

(2)冒号生成法。格式:

  x=a:step:b;

其中,a 是数组的第一个元素;step 为步长,缺省时默认值为 1;b 为终值。

例如,键入 x=0:0.1:1,回车,输出

x =

0 0.1000 0.2000 0.3000 0.4000 0.5000 0.6000 0.7000 0.8000 0.9000 1.0000

(3)定数线性采样法。格式:

  x=linspace(a,b,n);

该方法在设定的"总点数"下,均匀采样生成一维"行"数组。这里 a、b 分别是生成数组的第一个和最后一个元素,n 是采样总点数。该指令生成的数组与 x=a:(b−a)/(n−1):b 生成的数组相同。

在 MATLAB 中,当数组中的元素很多时,方法(2)和(3)是最常见的,它们得到的数组的元素之间是线性分割的特殊情况。当需要对数组分割时,MATLAB 提供了函数 logspace。

(4)定数对数采样法。格式:

  x=logspace(a,b,n);

该方法创建从 10 的 a 次方开始,到 10 的 b 次方结束,有 n 个元素的对数分割行向量 x。

有时所需的数组不具有易于描述的线性或对数分割关系,这时使用编址和表达式结合的功能可避免每次一个地输入数组元素。例如

键入:

a=1:5; b=1:2:9; c=[b,a]

输出:

c=

  1 3 5 7 9 1 2 3 4 5

又如,键入:

d=[a(1:2:5) 1 0 1]

输出:

d=

  1 3 5 1 0 1

上述所创建的数组都是行向量,如何创建列向量呢?可使用转置算子"'"把行向量变成列向量。例如

键入:

a=1:4; %表示从 1 到 4,增量为 1 的行向量

```
b=a'        %表示向量的转置
输出：
b=
   1
   2
   3
   4
```

有两种转置的符号：

① 当数组是复数时，"'"产生的是复数共轭转置；

② ".'"只对数组转置，但不进行共轭。

对一维数组，可以对其元素进行查询和重新赋值，例如：

```
x=rand(1,5)          %产生(0,1)范围内的 1×5 的均匀随机数组
y=x(3)               %将数组 x 的第 3 个元素赋值于 y
x(1:3)               %数组 x 的前 3 个元素组成的子数组
a=x(3:-1:1)          %数组 x 的前 3 个元素倒排构成一个子数组赋值于数组变量 a
x(find(x>0.5))       %由大于 0.5 的元素构成的子数组，并保持原来的先后次序
x(3)=0               %把数组 x 中的第 3 个元素重新赋值为 0
x([1:4])=[1 2 3 4]   %把当前数组 x 的第 1 至第 4 个元素分别赋值为 1,2,3,4
x([1 4])=[1 2]       %把当前数组 x 的第 1、第 4 个元素分别赋值为 1,2
```

2) 矩阵的生成与操作

(1) 矩阵的输入。矩阵的输入最简单的方法是把矩阵的元素直接排列在方括号中，每行内的元素间用空格或逗号隔开，行与行之间用分号隔开。例如

输入：

```
A=[1,4,3;2,3,5;5,2,8]
```

或

```
A=[1,4,3;
   2,3,5;
   5,2,8]
```

输出：

```
A= 1   4   3
   2   3   5
   5   2   8
```

另外，MATLAB 还提供了生成特殊矩阵的操作函数，可以直接调用。常用的一些生成特殊矩阵的函数见附录表 1.3。

附录表 1.3 一些生成特殊矩阵的函数

指令	含义
eye(n)	创建 $n \times n$ 单位矩阵
eye(size(A))	创建与矩阵 **A** 维数相同的单位矩阵

续表

指 令	含 义
ones(n)	创建 $n\times n$ 元素全是 1 的矩阵
ones(m,n)	创建 $m\times n$ 元素全是 1 的矩阵
ones(size(A))	创建与矩阵 **A** 维数相同的元素全是 1 的矩阵
zeros(m,n)	创建 $m\times n$ 元素全是 0 的矩阵
zeros(size(A))	创建与矩阵 **A** 维数相同的元素全是 0 的矩阵
rand(n)	创建一个 $n\times n$ 的元素在[0,1]区间内的随机矩阵
rand(m,n)	创建一个 $m\times n$ 的元素在[0,1]区间内的随机矩阵
rand(size(A))	创建一个与矩阵 **A** 维数相同的元素在[0,1]区间内的随机矩阵
diag(v)	创建以向量 *v* 中的元素为对角元素的对角矩阵

(2)矩阵的转置。与一维数组类似,矩阵的转置也用符号"'"来表示,例如
输入:
A=[1,4,3;2,3,5;5,2,8];B=A'
输出:
B= 1　2　5
　　4　3　2
　　3　5　8
也可直接转置:
B=[1,4,3;2,3,5;5,2,8]'
(3)矩阵的查询和赋值。
输入:
A=rand(4,5)　　　　%创建一个 4×5 的随机矩阵
输出:
A=
　　0.0579　　0.8132　　0.1389
　　0.3529　　0.0099　　0.2028
输入:
A(2,1)　　　　%查询第 2 行第 1 列所对应的元素
输出:
ans=
　　0.3529
输入:
A(3)　　　　%查询第 3 个元素(以列的顺序)
输出:
ans=
　　0.8132

输入：
A(2,:)   %查询第2行元素
输出：
ans=
   0.3529   0.0099   0.2028
输入：
A(:,3)   %查询第3列元素
输出：
ans=
   0.1389
   0.2028
输入：
A(1:2,[2 3])   %查询第1、2行,第2、3列元素
输出：
ans=
   0.8132   0.1389
   0.0099   0.2028
输入：
A(find(x>0.2))   %查询大于0.2的元素
输出：
ans=
   0.3529
   0.8132
   0.2028

还有 A(1,3:-1:1),思考将输出什么？

小结：

A(:):逐列提取矩阵 **A** 中所有元素作为一个列向量；

A(i):把矩阵 **A** 看作列向量 A(:),查询其中第 i 个元素；

A(r,:):查询矩阵 **A** 中第 r 行元素；

A(:,c):查询矩阵 **A** 中第 c 列元素。

矩阵元素重新赋值的方法与一维数组赋值类似。例如

输入：
A(:,2:3)=ones(2,2)   %给第2、3列的元素赋值
输出：
A=
   0.0579   1.0000   1.0000
   0.3529   1.0000   1.0000

还可以对几个矩阵进行拼接,左右拼接时不同矩阵行数要相同,上下拼接时不同矩阵列数要相同。例如

输入：
B=[A,zeros(2,3)]
输出：
B=

| 0.0579 | 1.0000 | 1.0000 | 0 | 0 | 0 |
| 0.3529 | 1.0000 | 1.0000 | 0 | 0 | 0 |

输入：
C=[A;eye(2),ones(2,1)]
输出：
C=

0.0579	1.0000	1.0000
0.3529	1.0000	1.0000
1.0000	0	1.0000
0	1.0000	1.0000

2.数组和矩阵的运算

MATLAB提供了非常丰富的数组运算命令和矩阵运算命令，二者较为相似，但是在符号和结果上有区别。附录表1.4列出了常用的数组与矩阵运算对比表。

附录表1.4　MATLAB软件中的数组与矩阵运算对比表

数组运算		矩阵运算	
指令	含义	指令	含义
s+B	标量s分别与B的每个元素相加		
s−B,B−s	标量s分别与B的每个元素相减		
s.*B	标量s分别与B的每个元素相乘	s*B	标量s分别与B的每个元素相乘
s./B,B./s	s分别被B的元素除	s*inv(B)	B的逆乘s
A.^n	A的每个元素的n次幂	A^n	A的n次幂
A+B	对应元素相加	A+B	矩阵相加
A−B	对应元素相减	A+B	矩阵相减
A.*B	对应元素相乘	A*B	矩阵相乘
A./B	A的元素除以B的对应元素	A/B	A乘B的逆(AB^{-1})
B.\A	A的元素除以B的对应元素	B\A	B的逆乘A($B^{-1}A$)
exp(A)	以自然数e为底，分别以A的元素为指数求幂	expm(A)	A的矩阵指数函数
log(A)	对A的各元素求自然对数	logm(A)	A的矩阵指数函数
sqrt(A)	对A的各元素求算术平方根	sqrtm(A)	A的矩阵算术平方根函数

在MATLAB中，除了上面的运算符之外还提供了大量的运算函数。通过这些函数可以对数组和矩阵进行操作，以达到一定的计算目的，这也是MATLAB强大功能所在。附录表1.5~1.9给出了MATLAB中一些常用的函数。

附录表1.5　三角函数和双曲函数

函数	说明	函数	说明	函数	说明
sin(x)	正弦	acos(x)	反余弦	sinh(x)	双曲正弦
cos(x)	余弦	atan(x)	反正切	cosh(x)	双曲余弦
tan(x)	正切	acot(x)	反余切	tanh(x)	双曲正切
cot(x)	余切	sec(x)	正割	coth(x)	双曲余切
asin(x)	反正弦	csc(x)	余割	asinh(x)	反双曲正切

附录表1.6　指数函数和对数函数

函数	说明	函数	说明	函数	说明
exp(x)	e为底的指数	log10(x)	常用对数	pow2(x)	2的幂
log(x)	自然对数	log2(x)	以2为底的对数	sqrt(x)	平方根

附录表1.7　复数函数

函数	说明	函数	说明	函数	说明
abs	模或绝对值	conj	复数共轭	real	复数实部
angle	幅角	imag	复数虚部		

附录表1.8　舍入函数及其他数值函数

函数	说明	函数	说明	函数	说明
fix	向0舍入	mod	模除求余	sign(x)	符号函数
floor	向负无穷舍入	round	四舍五入		
ceil	向正无穷舍入	rem(a,b)	a/b的余数		

附录表1.9　矩阵函数

函数	说明	函数	说明	函数	说明
d=eig(A)	特征值	inv(A)	矩阵的逆	orth(A)	正交化
[v,d]=eig(A)	特征向量	rank(A)	矩阵的秩		
poly(A)	特征多项式	trace(A)	矩阵的迹		

MATLAB常用函数的使用如以下代码所示：

```
x=0:pi/4:pi
    x=
        0    0.7854    1.5708    2.3562    3.1416
y=sin(x)
    y=
        0    0.7071    1.0000    0.7071    0.0000
y=sinh(x)
```

y=
    0   0.8687   2.3013   5.2280   11.5487
x=[1 10 100 1000 10000]
x=
    1   10   100   1000   10000
y=log10(x)
y=
    0   1   2   3   4
y=sqrt(x)
y=
    1.0000   3.1623   10.0000   31.6228   100.0000
x=[1,2,3;4,5,6;7,8,9]
x=
    1   2   3
    4   5   6
    7   8   9
y=eig(x)
y=
    16.1168
    −1.1168
    −0.0000

三、MATLAB程序设计基础

MATLAB提供了一个完善的程序设计环境,使我们能够方便地编制复杂的程序,完成各种计算。对于功能复杂的程序,可以将MATLAB的命令逐行写出并存放在后缀为m的文件中,例如myfile.m,并存放在一个指定的子目录中。在MATLAB环境下键入这个文件名并回车,则计算机将按序逐条执行该文件所包含的全部命令。MATLAB有6个关系运算和3个逻辑运算,都是对元素的操作。要想实现更强的功能,需要用到循环控制和选择判断。几乎所有实用的程序都包含循环,熟练使用MATLAB的循环结构和选择结构是编程的基本要求。

1.关系运算

关系运算符对于程序的流程控制很重要。MATLAB共有6个关系运算符,见附录表1.10。

附录表1.10 MATLAB关系运算符

运算符	含 义
==	相等
~=	不等
<	小于
<=	小于等于

续表

运算符	含义
>	大于
>=	大于等于

2. 逻辑运算

逻辑运算符如附录表 1.11 所示。

附录表 1.11 MATLAB 逻辑运算符

运算符	含义
&	与
|	或
~	非

逻辑运算中用 1 表示"真",0 表示"假",非零元素作为 1 处理。示例如下:

输入:

a=[1 2;3 4]; b=[-1 3;-4 5];

a>b

ans=

  1 0

  1 0

a&b

ans=

  1 1

  1 1

3. 符号运算

(1) 字符串的定义方法。MATLAB 用单引号来定义字符串,例如在指令窗口中输入:

A='olympics'

输出:

A=

  olympics

(2) 定义符号变量与符号表达式。在 MATLAB 指令窗口中,输入的数值变量必须提前赋值,否则会提示出错。只有符号变量可以在没有提前赋值的情况下合法地出现在表达式中,但是符号变量必须预先定义。定义符号变量的命令为

syms var1 … varN

例如在命令窗口输入:

syms x y w p

表示将 x, y, w 和 p 定义为符号变量。如果继续输入:

z=sin(x)+cos(y)

执行以后,z 就表示符号表达式 z=sin(x)+cos(y)。

(3)将数值表达式转换为符号表达式。命令 sym 可将数值表达式转换成符号表达式,其格式为

sym('数值表达式')

例如,输入:

ss=sym('2014+sqrt(5)')

输出:

ss=

  2014+sqrt(5)

它是一个符号表达式,而不是数值表达式。

(4)计算符号表达式的值。例如:

ss=sym('2014+sqrt(5)')

是一个符号表达式,如果要得到 ss 的近似值,则需要利用命令 eval 计算。如果输入:

eval(ss)

输出:

ans=

  2.0162e+003

由于"ss=sym('2014+sqrt(5)')"实际上是一个符号常数,也可以用 vpa 命令计算。

4. for 循环

for 循环允许一组命令以固定的和预定的次数重复,其一般形式为

for x=初值:步长:终值

  {语句体}

end

如果省略步长,则默认步长为 1。该循环体的执行过程如下:

(1)将表达式的初值赋给 x;

(2)对于正的步长,当 x 的值大于终值时,结束循环;对于负的步长,当 x 的值小于终值时结束循环。否则,执行 for 和 end 之间的语句体,然后执行下面的第(3)步。

(3)x 加上一个步长后,返回第(2)步继续执行。

多重循环时 for 语句可以嵌套使用。例如,程序:

```
for i=1:3
    for j=1:4
        a(i,j)=1/(i+j-1);
    end
end
format rat      %设置输出格式为有理数
a
```

输出:

a=

  1   1/2   1/3   1/4

| 1/2 | 1/3 | 1/4 | 1/5 |
| 1/3 | 1/4 | 1/5 | 1/6 |

5. while 循环

while 循环一般用于事先不能确定循环次数的情况。while 循环的一般形式为

while 表达式
　　{语句体}
end

只要表达式的值为 1(真)，就执行 while 和 end 之间的语句体，直到表达式的值为 0(假)时终止该循环。通常，表达式的值为标量，但对数组值也同样有效，此时，数组的所有元素都为真，才执行 while 和 end 之间的语句体。

附录例 1-6 设某银行年利率为 11.25%，将 10000 元钱存入该银行，问多长时间会连本带利翻一番？

解 建立 M 文件如下：

money=10000;
years=0;
while money<20000
　　years=years+1;
　　money=money*(1+11.25/100);
end
years,money

输出：

years=
　　7
money=
　　147638

6. if - else - end 条件语句

在 MATLAB 中，可以利用条件语句来实现分支算法，其中最简单的就是 if 语句，其具体格式为

(1) if ＜条件表达式＞
　　{语句体}
　　end

该语句的执行过程：如果表达式的值为真，就执行 if 和 end 之间的语句体；否则，执行 end 后面的语句。

当有两个选择时，可采用下面形式。

(2) if ＜条件表达式＞
　　{语句体 1}
　　else
　　{语句体 2}

end

该语句的执行过程:如果表达式的值为真,就执行语句体 1,然后跳出该选择结构,执行 end 后面的语句;如果表达式的值为假,就执行语句体 2,之后,执行 end 后面的语句。

当有三个或更多的选择时,可采用下面形式。

(3) if ＜条件表达式 1＞
　　　｛语句体 1｝
　　elseif ＜条件表达式 2＞
　　　｛语句体 2｝
　　…
　　elseif ＜条件表达式 n＞
　　　｛语句体 n｝
　　else
　　　｛语句体 n+1｝
　　end

该语句的执行过程:如果表达式 j(j=1,2,…,n)为真,就执行语句体 j,然后执行 end 后面的语句;否则,也就是 if 和 elseif 后的所有表达式的值都为假时,执行语句体 n+1,然后执行 end 后面的语句。

附录例 1-7 设 $f(x)=\begin{cases}x^2+1, & x>1\\ 2x, & 0<x\leqslant1\\ x^3, & x\leqslant0\end{cases}$,求 $f(2),f(0.5),f(-1)$。

解 先建立 M 文件 fun3.m 定义函数 $f(x)$,再在 MATLAB 命令窗口输入 fun3(2),fun3(0.5),fun3(-1)即可。

function f=fun3(x)
if x>1
　　f=x^2+1;
elseif x<=0
　　f=x^3;
else
　　f=2*x;
end

输入:
fun3(2),fun3(0.5),fun3(-1)
输出:
ans=
　　5
ans=
　　1
ans=
　　-1

附录2 MATLAB 绘图

MATLAB 提供了一系列的绘图函数,用户不需要过多地考虑绘图的细节,只需要给出一些基本参数就能得到所需图形,这类函数称为高层绘图函数。此外,MATLAB 还提供了直接对图形句柄进行操作的低层绘图操作。这类操作将图形的每个元素(如坐标轴、曲线、文字等)看作一个独立的对象,系统给每个对象分配一个句柄,可以通过句柄对该图形元素进行操作,而不影响其他部分。

本单元介绍 MATLAB 绘图基本命令和基本运用方法,首先介绍绘制二维和三维图形的高层绘图函数以及其他图形控制函数的使用方法,在此基础上,再介绍可以操作和控制各种图形对象的低层绘图操作。

一、二维绘图

二维图形是将平面坐标上的数据点连接起来所构成的平面图形。这里可以采用不同的坐标系,如直角坐标、对数坐标、极坐标等。二维图形的绘制是其他绘图操作的基础。

1.绘制二维曲线的基本函数

在 MATLAB 中,最基本而且应用最为广泛的绘图命令为 plot,利用它可以在二维平面上绘制出不同的曲线。

(1)直角坐标图。

plot 函数用于绘制二维平面上的直角坐标曲线图。只要提供一组 x 坐标和对应的 y 坐标,就可以绘制以 x 为横坐标,y 为纵坐标的二维曲线。plot 函数的应用格式:

plot(x,y)

其中,x,y 为长度相同的向量,分别存储 x 坐标和 y 坐标。

例如,在 $[0,2\pi]$ 区间,绘制 $y=2\mathrm{e}^{-\frac{x}{2}}\sin 2\pi x$ 的曲线,程序如下:

```
x=0:pi/100:2*pi;
y=2*exp(-0.5*x).*sin(2*pi*x);
plot(x,y)
```

程序运行结果如附录图 2.1 所示。

注意:指数函数和正弦函数之间要用点乘运算,因为二者在这里是向量。

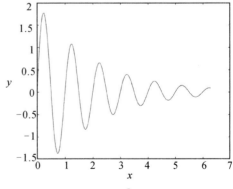

附录图 2.1 $y=2\mathrm{e}^{-\frac{x}{2}}\sin 2\pi x$ 的曲线

例如,绘制方程 $\begin{cases} x=t\cos 3t \\ y=t\sin^2 t \end{cases}$ 的图形。这是以参数形式给出的曲线方程,只要给定参数向量,再分别求出 x、y 向量即可输出曲线,程序如下:

```
t=-pi:pi/100:pi;
x=t.*cos(3*t);
y=t.*sin(t).*sin(t);
plot(x,y)
```
程序运行结果如附录图 2.2 所示。

以上提到 plot 函数的自变量 x、y 为长度相同的向量,这是最常见、最基本的用法。实际应用中还有一些变化。

plot 函数可以包含若干组向量对,每一组可以绘制出一条曲线。含多个输入参数的 plot 函数调用格式为

plot(x1,y1,x2,y2,…,xn,yn)

下列命令可以在同一坐标中画出 3 条曲线,如附录图 2.3 所示。

```
x=linspace(0,2*pi,100);
plot(x,sin(x),x,2*sin(x),x,3*sin(x))
```

当输入参数有矩阵形式时,配对的 x、y 按对应的列元素为横坐标和纵坐标绘制曲线,曲线条数等于矩阵的列数。

```
x=linspace(0,2*pi,100);
y1=sin(x);y2=2*sin(x);
y3=3*sin(x);
x=[x;x;x]';
y=[y1;y2;y3]';
plot(x,y,x,cos(x))
```

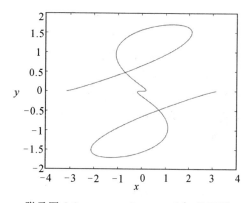

附录图 2.2 $x=t\cos3t, y=t\sin^2 t$ 的图形

附录图 2.3 $y=\sin x, y=2\sin x,$
$y=3\sin x$ 的曲线

x、y 都是含有三列的矩阵,它们组成输入参数对,绘制三条曲线;x 和 cos(x) 又组成一对,绘制一条余弦曲线,如附录图 2.4 所示。

多条曲线的另一画法是利用 hold 命令。在已画好的图形上,若设置 hold on,MATLAB 将把新的 plot 命令产生的图形画在原来的图形上。而命令 hold off 将结束这种状态。例如,

```
x=linspace(0,2*pi,100);
y1=sin(x);
plot(x,y1)
hold on
y2=2*sin(x);
plot(x,y2);
y3=3*sin(x);
plot(x,y3);
hold off
```

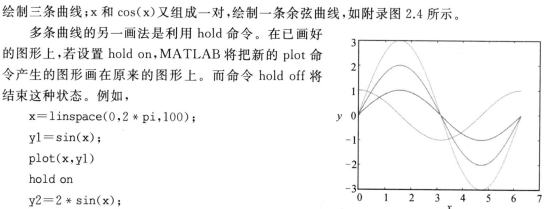

附录图 2.4 $y=\sin x, y=2\sin x, y=$
$3\sin x, y=\cos x$ 的曲线

执行命令,也可得到附录图 2.3。

如果在一段程序中画了几个图形,需要逐个观察,那么应该在每两个 plot 命令之间加一个 pause 命令,它暂停命令的执行,直到击下任何一个键。

利用 plot 函数也可以直接将矩阵的数据绘制在图形窗口中,此时 plot 函数将矩阵的每一列数据作为一条曲线绘制在窗口中。如:

A=pascal(5)
A=
    1   1   1   1   1
    1   2   3   4   5
    1   3   6   10   15
    1   4   10   20   35
    1   5   15   35   70
plot(A)

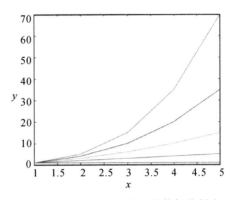

附录图 2.5 用 plot 函数将矩阵数据绘制为曲线

程序运行结果如附录图 2.5 所示。

(2)极坐标图。

polar 函数用来绘制极坐标图,调用格式为

polar(theta,rho,选项)

其中,theta 为极坐标极角,rho 为极径,选项的内容和 plot 函数相似。

例如,绘制 $\rho=\sin3\theta\cos5\theta$ 和 $\rho=e^{\theta}$ 的极坐标图,程序如下:

theta1=0:0.01:2*pi;
rho1=sin(3*theta1).*cos(5*theta1);
theta2=0:0.01:10*pi;
rho2=exp(0.1*theta2);
figure(1)   %新建图形窗口1,用于显示绘制的图形
polar(theta1,rho1);
figure(2)   %新建图形窗口2
polar(theta2,rho2);

程序运行结果如附录图 2.6 和附录图 2.7 所示。

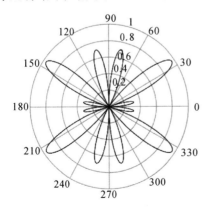

附录图 2.6 $\rho=\sin3\theta\cos5\theta$ 极坐标图

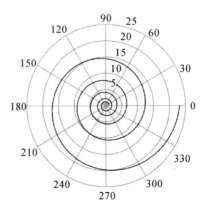

附录图 2.7 $\rho=e^{\theta}$ 极坐标图

绘制极坐标图形还有一个比较简捷的命令 ezpolar,其调用方式为

ezpolar('r',[a,b])

该命令表示绘制极坐标下曲线 rho 在[a,b]上的图形,当[a,b]缺省时,默认区间是 $[0,2\pi]$。例如,

ezpolar('sin(4 * theta)')

读者可自行执行该命令查看结果。

(3)隐函数作图。

如果给定了函数的显式表达式,可以先设置自变量向量,然后根据表达式计算函数向量,从而用 plot 等函数绘制出图形。但是当函数采用隐函数形式时,则很难利用上述方法绘制图形。MATLAB 提供了 ezplot 函数绘制隐函数图形,用法如下:

①对于函数 $f=f(x)$,ezplot 的调用格式为

ezplot(f):在默认区间$(-2\pi,2\pi)$绘制函数的图形。

ezplot(f,[a,b]):在区间(a,b)绘制函数的图形。

②对于隐函数 $f=f(x,y)$,ezplot 的调用格式为

ezplot(f):在默认区间$(-2\pi,2\pi)$绘制函数 $f(x,y)=0$ 的图形。

ezplot(f,[xmin,xmax,ymin,ymax]):在给定区间内绘制函数的图形。

ezplot(f,[a,b]):在区间(a, b)绘制函数的图形。

③对于参数方程 $x=x(t),y=y(t)$,ezplot 函数的调用格式为

ezplot(x,y):在默认区间$(0,2\pi)$绘制 $x=x(t),y=y(t)$ 图形。

ezplot(x,y,[tmin,tmax]):在区间(tmin,tmax)绘制 $x=x(t),y=y(t)$ 图形。

隐函数绘图举例:

subplot(2,2,1);
ezplot('x^2+y^2-9');axis equal;
subplot(2,2,2);
ezplot('x^3+y^3-5 * x * y+1/5')
subplot(2,2,3);
ezplot('cos(tan(pi * x))',[0,1]);
subplot(2,2,4);
ezplot('8 * cos(t)','4 * sqrt(2) * sin(t)',[0,2 * pi]);

程序运行结果如附录图 2.8 所示。

(4)参数方程作图。

对于参数方程 $\begin{cases} x=x(t) \\ y=y(t) \end{cases}, t\in[\alpha,\beta]$,除

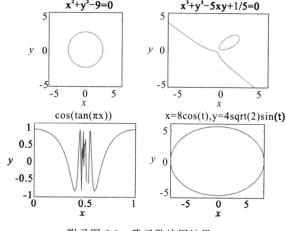

附录图 2.8 隐函数绘图结果

了(3)中利用 ezplot 命令作图外,还可以用 plot 命令作图。

例如,试绘制半径为 a 的圆的渐开线,其方程为 $\begin{cases} x=a(\cos t+t\sin t) \\ y=a(\sin t-t\cos t) \end{cases}, t\subset[0,2\pi]$。平面上一动直线沿固定圆做纯滚动时,此直线上任意点的轨迹为该圆的渐开线。在实际应用中,渐开线主要用来设计齿轮齿廓、齿条的形状,因为齿轮、齿条的工作方式都是"滚动"。

```
t=linspace(0,2*pi,1000);
x=cos(t)+t.*sin(t);
y=sin(t)-t.*cos(t);
plot(x,y)
```
程序运行结果如附录图 2.9 所示。

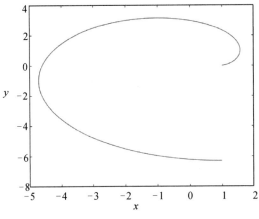

附录图 2.9 圆的渐开线

(5)双纵坐标函数 plotyy。

在 MATLAB 中,如果需要绘制出具有不同纵坐标标度的两个图形,可以使用 plotyy 函数,它能把具有不同量纲、不同数量级的两个函数绘制在同一个坐标中,有利于图形数据的对比分析。使用格式为

plotyy(x1,y1,x2,y2)

x1,y1 对应一条曲线,x2,y2 对应另一条曲线。横坐标的标度相同,纵坐标有两个,左边的对应 x1,y1 数据对,右边的对应 x2,y2 数据对。

例如,在同一坐标系绘制 $y=200e^{-0.05x}\sin x$ 与 $y=0.6e^{-x}\sin(5x)$ 的图形,程序如下:

```
x=0:0.01:20;
y1=200*exp(-0.05*x).*sin(x);
y2=0.6*exp(-0.5*x).*sin(10*x);
plotyy(x,y1,x,y2)
```

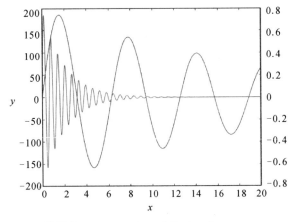

附录图 2.10 $y=200e^{-0.05x}\sin x$ 与 $y=0.6e^{-x}\sin(5x)$ 的图形

程序运行结果如附录图 2.10 所示。

2.基本的绘制标注和修饰

绘制完图形以后,可能还需要对图形进行一些辅助操作,以使图形意义更加明确,可读性更强。

(1)线型和颜色。

当同一窗口中的图线较多并且我们希望对此作比较区分时,可以在命令中对线型和颜色进行设定,达到良好的区分效果。MATLAB 中有多种曲线线型和颜色可供选择,标注的方法是在每一对数组后加一个字符串参数,基本的调用格式为

　　plot(x,y,'color-linestyle-marker')

其中,color 表示颜色,linestyle 表示线型,marker 表示数据点标记符号,这些选项如附录表 2.1 所示。

附录表 2.1　线型、颜色、标记符号表

线型 linestyle	颜色 color	标记符号 marker	
- 实线	b 蓝色	. 点	s 方块
: 虚线	g 绿色	o 圆圈	d 菱形
-. 点划线	r 红色	× 叉号	∨ 朝下三角符号
-- 双划线	c 青色	+ 加号	∧ 朝上三角符号
	m 品红	* 星号	< 朝左三角符号
	y 黄色		> 朝右三角符号
	k 黑色		p 五角星
	w 白色		h 六角星

例如,用不同的线型和颜色在同一坐标内绘制曲线及其包络线,程序如下:

x=(0:pi/100:2*pi)';
y1=2*exp(-0.5*x)*[1,-1];
y2=2*exp(-0.5*x).*sin(2*pi*x);
x1=(0:12)/2;
y3=2*exp(-0.5*x1).*sin(2*pi*x1);
plot(x,y1,'k:',x,y2,'b--',x1,y3,'rp');

程序运行结果,如附录图 2.11(见彩插)所示。

该 plot 函数包含了 3 组绘图参数,第一组用黑色虚线画出两条包络线,第二组用蓝色双划线画出曲线 y,第三组用红色五角星离散标出数据点(见彩插)。

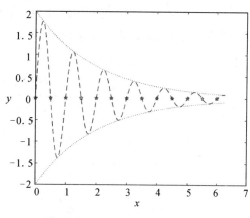

附录图 2.11　曲线及其包络线

(2) 图形标注。

在绘制图形时,可以对图形加上一些说明,如图形的名称、坐标轴说明以及图形某一部分的含义等,这些操作称为添加图形标注。图形标注函数的调用格式为

　　title('图形名称'):添加图形名称。
　　xlabel('x 轴说明'):添加横坐标轴的名称。
　　ylabel('y 轴说明'):添加纵坐标轴的名称。
　　text(x,y,'图形说明'):在坐标点(x,y)处添加图形说明。
　　gtext('图形说明'):移动在图形窗口出现的十字线,点击添加图形说明。
　　legend('图例 1','图例 2',…):绘制曲线所用线型、颜色或数据点标记图例。
　　grid on/off:给坐标添加/去除加网格线。
　　box on/off:给坐标添加/去除边框。

除 legend 函数外，其他函数同样适用于三维图形，在三维中 z 坐标轴说明用 zlabel 函数。

例如，在同一窗口绘制曲线 $y=x^2$ 和 $y=x^3$，并带上标注。程序如下：

```
x=linspace(-2,2,100);
y1=x.^2;y2= x.^3;
plot(x,y1,'-',x,y2);
grid on
legend('y=x^2','y=x^3');
xlabel('x');
ylabel('y');
title('y=x^2 和 y=x^3')
```

程序运行结果如附录图 2.12 所示。

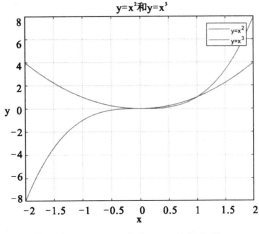

附录图 2.12　$y=x^2$ 和 $y=x^3$ 的曲线

上述函数中的说明文字，除了使用标准的 ASCII 字符外，还可以使用 LaTex（一种常用的数学排版软件）格式的控制字符，这样就可以在图形上添加希腊字符、数学符号和公式等内容。在 MATLAB 支持的 LaTex 字符串中，用/bf 、/it、/rm 控制字符分别定义黑体、斜体和正体字符，受 LaTex 字符串控制部分要加大括号{}括起来。例如，text(0.3,0.5,'the usful {/bf matlab}')，将使 matlab 一词黑体显示。一些常用的 LaTex 字符见附录表 2.2，各个字符可以单独使用也可以和其他字符及命令配合使用。如 text(0.3 ,0.5 ,'sin({/omega}t＋{/beta})')，将得到相应的标注效果。

附录表 2.2　常用的 LaTex 字符

标识符	符号	标识符	符号	标识符	符号
/alpha	α	/epsilon	ε	/infty	∞
/beta	β	/eta	η	/int	∫
/gamma	γ	/Gamma	Γ	/partial	∂
/delta	δ	/Delta	Δ	/leftarrow	←
/theta	θ	/Theta	Θ	/rightarrow	→
/lambda	λ	/Lambda	Λ	/downarrow	↓
/xi	ξ	/Xi	Ξ	/uparrow	↑
/pi	π	/Pi	Π	/div	÷
/omega	ω	/Omega	Ω	/times	×
/sigma	σ	/Sigma	Σ	/pm	±
/phi	φ	/Phi	Φ	/leq	≤
/psi	φ	/Psi	Ψ	/geq	≥
/rho	ρ	/tau	τ	/neq	≠
/mu	μ	/zeta	ζ	/forall	∀
/nu	ν	/chi	χ	/exists	∃

(3) 坐标控制。

在绘制图形时,MATLAB 可以自动根据要绘制曲线数据的范围选择合适的坐标刻度,使得曲线能够尽可能清晰地显示出来。所以,一般情况下用户不必选择坐标轴的刻度范围。但是,如果用户对坐标不满意,可以利用 axis 函数对其重新设定。其调用格式为

axis([xmin xmax ymin ymax zmin zmax])

如果只给出前四个参数,则按照给出的 x、y 轴的最小值和最大值选择坐标系范围,绘制出合适的二维曲线。如果给出了全部参数,则绘制出三维图形。axis 函数的功能丰富,其常用的用法有:

axis([xmin xmax ymin ymax]):[]中分别给出 x 轴和 y 轴的最小值、最大值。

axis equal:纵横坐标轴采用等长刻度。

axis square:产生正方形坐标系(默认为矩形)。

axis auto:使用默认设置。

axis off:取消坐标轴。

axis on:显示坐标轴。

例如,绘制 $y=x\sin\dfrac{\pi}{x}$ 在区间[0,3]和[0,0.2]上的图形,程序如下:

x=0:0.01:3;
y=x.*sin(pi./x);
plot(x,y);
grid on
box on
title('xsin(pi/x)')

程序运行结果如附录图 2.13 所示,再输入:

axis([0,0.2,-0.2,0.2])

程序运行结果如附录图 2.14 所示。

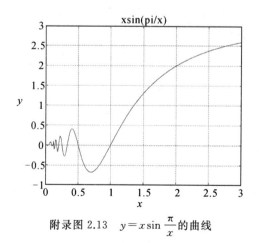

附录图 2.13　$y=x\sin\dfrac{\pi}{x}$ 的曲线

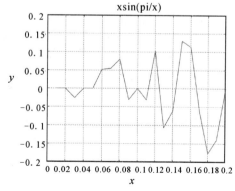

附录图 2.14　$y=x\sin\dfrac{\pi}{x}$ 当 $x\in[0,0.2]$ 时的曲线

(4) 分割图形窗口。

在实际应用中,经常需要在一个图形窗口中绘制若干个独立的图形,这就需要对图形窗口

进行分割。分割后的图形窗口由若干个绘图区组成,每一个绘图区可以建立独立的坐标系并绘制图形。同一图形窗口下的不同图形称为子图。MATLAB 提供了 subplot 函数用来将当前窗口分割成若干个绘图区,每个区域代表一个独立的子图,也是一个独立的坐标系,可以通过 subplot 函数激活某一区,该区为活动区,所发出的绘图命令都是作用于该活动区域。调用格式:

subplot(m,n,p)

该函数把当前窗口分成 m×n 个绘图区,m 行,每行 n 个绘图区,区号按行优先编号。其中第 p 个区为当前活动区。每一个绘图区允许以不同的坐标系单独绘制图形。

例如,
x=linspace(0,2*pi,30);y=sin(x);z=cos(x);
u=2*sin(x).*cos(x);v=sin(x)./cos(x);
subplot(2,2,1),plot(x,y),axis([0 2*pi −1 1]),title('sin(x)');
subplot(2,2,2),plot(x,z),axis([0 2*pi −1 1]),title('cos(x)');
subplot(2,2,3),plot(x,u),axis([0 2*pi −1 1]),title('2sin(x)cos(x)');
subplot(2,2,4),plot(x,v),axis([0 2*pi −20 20]),title('sin(x)/cos(x)');

程序运行,得到 2×2 共 4 幅图形,如附录图 2.15 所示。

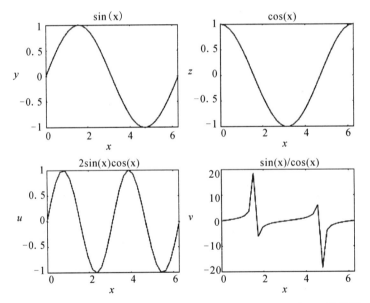

附录图 2.15 $y=\sin x, z=\cos x, u=2\sin x\cos x, v=\sin x/\cos x$ 的曲线

3.绘制特殊的二维图形

(1)填充图、条形图、阶梯图和杆图。

在线性直角坐标系中,其他形式的图形有填充图、条形图、阶梯图和杆图等,所采用的函数分别如下:

fill(x1,y1,选项1,x2,y2,选项2,…)
bar(x,y,选项)
stairs(x,y,选项)
stem(x,y,选项)

选项在单引号中，三个函数和 plot 的用法相似，只是没有多输入变量形式。fill 函数按向量元素下标渐增次序依次用直线段连接 x,y 对应元素定义的数据点。

例如，分别以条形图、填充图、阶梯图和杆图形式绘制曲线程序如下：

```
x=0:0.35:7;
y=2*exp(-0.5*x);
subplot(2,2,1);bar(x,y,'g');
title('bar(x,y,"g")');axis([0, 7, 0 ,2]);
subplot(2,2,2);fill(x,y,'r');
title('fill(x,y,"r")');axis([0, 7, 0 ,2]);
subplot(2,2,3);stairs(x,y,'b');
title('stairs(x,y,"b")');axis([0, 7, 0 ,2]);
subplot(2,2,4);stem(x,y,'k');
title('stem(x,y,"k")');axis([0, 7, 0 ,2]);
```

程序运行结果如附录图 2.16 所示。

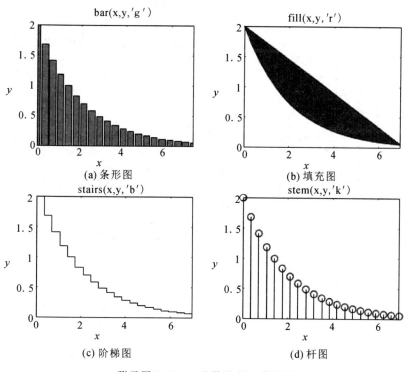

附录图 2.16 一些特殊的二维图形

(2) 对数坐标图。

在实际应用中，经常用到对数坐标，MATLAB 提供了绘制对数和半对数坐标曲线的函数，其调用格式为

semilogx(x1,y1,选项 1,x2,y2,选项 2,…)
semilogy(x1,y1,选项 1,x2,y2,选项 2,…)
loglog(x1,y1,选项 1,x2,y2,选项 2,…)

这些函数中选项的定义和 plot 函数完全一样,所不同的是坐标轴的选取。semilogx 函数使用半对数坐标,x 轴为常用对数刻度,而 y 轴仍保持线性刻度。semilogy 恰好和 semilogx 相反。loglog 函数使用全对数坐标,x、y 轴均采用对数刻度。

二、三维绘图

1.绘制三维曲线

plot3 和 ezplot3 函数可以绘制直角坐标系下的三维曲线,区别在于 plot3 函数是数值作图,而 ezplot3 函数是符号函数作图,可用于绘制参数方程表示的曲线。

(1)数值作图命令及功能如附录表 2.3 所示。

附录表 2.3 数值作图命令及功能

命令	功能	备注
plot3(X,Y,Z,'s')	绘制以 X,Y,Z 的对应分量为坐标的三维曲线,s 表示曲线属性	X,Y,Z 是一维向量或同维矩阵(矩阵的列数条曲线)
plot3(X1,Y1,Z1,'s1',X2,Y2,Z2,'s2',…)	每四个数组 Xi,Yi,Zi,'si',绘制一条曲线	Xi,Yi,Zi 是同维向量

例如,绘制空间曲线 $\begin{cases} x=8\cos t \\ y=\sqrt{2}\sin t \\ z=4\sqrt{2}\sin t \end{cases}$,

程序如下:

```
t=0:pi/50:2*pi;
x=8*cos(t);
y=4*sqrt(2)*sin(t);
z=-4*sqrt(2)*sin(t);
plot3(x,y,z,'p');
title('Line in 3-D Space');
text(0,0,0,'origin');
xlabel('X');ylabel('Y');zlabel('Z');grid;
```

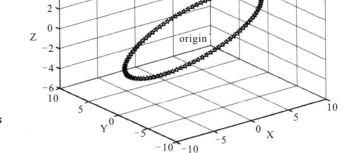

附录图 2.17 空间曲线

程序运行结果如附录图 2.17(见彩插)所示。

(2)符号函数作图命令及功能如附录表 2.4 所示。

附录表 2.4 符号函数作图命令及功能

命令	功能
ezplot3(x, y, z)	在默认区间 t∈[0,2π]上绘制 x=x(t),y=y(t),z=z(t)的图形
ezplot3(x,y,z,[a, b])	在区间 t∈[a,b]上绘制 x=x(t),y=y(t),z=z(t)的图形

例如,绘制空间曲线 $x=t\sin t, y=\cos t, z=\sqrt{t}$,程序如下:
```
syms t
x=t*sin(t);
y=cos(t);
z=sqrt(t);
ezplot3(x,y,z)
```
程序执行结果请读者自行实践查看。

2. 绘制三维曲面

(1) 平面网格坐标矩阵的生成。

当绘制 $z=f(x,y)$ 所代表的三维曲面图时,先要在 xOy 平面选定一矩形区域,假定矩形区域为 $D=[a,b]\times[c,d]$,然后将 $[a,b]$ 在 x 方向分成 m 份,将 $[c,d]$ 在 y 方向分成 n 份,由各划分点作平行坐标轴的直线,把区域 D 分成 $m\times n$ 个小矩形。生成代表每一个小矩形顶点坐标的平面网格坐标矩阵,最后利用有关函数绘图。产生平面区域内的网格坐标矩阵有两种方法:

① 利用矩阵运算生成,程序如下:
```
x=a:dx:b;
y=(c:dy:d)';
X=ones(size(y))*x;
Y=y*ones(size(x));
```
经过上述语句执行后,矩阵 X 的每一行都是向量 x,行数等于向量 y 的元素个数,矩阵 Y 的每一列都是向量 y,列数等于向量 x 的元素个数。

② 利用 meshgrid 函数生成,程序如下:
```
x=a:dx:b;
y=c:dy:d;
[X,Y]=meshgrid(x,y);
```
语句执行后,所得到的网格坐标矩阵和上法相同,当 x=y 时,可以写成 meshgrid(x)。

(2) 绘制三维曲面的函数。

MATLAB 提供了 mesh 函数和 surf 函数来绘制三维曲面图。mesh 函数用来绘制三维网格图,而 surf 函数用来绘制三维曲面图,各线条之间的补面用颜色填充。其调用格式为
```
mesh(x,y,z,c)
surf(x,y,z,c)
```
一般情况下,x、y、z 是维数相同的矩阵,x、y 是网格坐标矩阵,z 是网格点上的高度矩阵,c 用于指定在不同高度下的颜色范围。c 省略时,MATLAB 认为 c=z,也即颜色的设定是正比于图形的高度的,这样就可以得到层次分明的三维图形。当 x、y 省略时,把 z 矩阵的列下标当作 x 轴的坐标,把 z 矩阵的行下标当作 y 轴的坐标,然后绘制三维图形。当 x、y 是向量时,要求 x 的长度必须等于 z 矩阵的列,y 的长度必须等于 z 的行,x、y 向量元素的组合构成网格点的 x、y 坐标,z 坐标则取自 z 矩阵,然后绘制三维曲面。

为了便于分析三维曲面的各种特征,下面程序画出 3 种不同形式的曲面。程序执行结果如附录图 2.18 所示。

```
x=0:0.1:2*pi;
[x,y]=meshgrid(x);
z=sin(y).*cos(x);
mesh(x,y,z);
xlabel('x-axis'),ylabel('y-axis'),zlabel('z-axis');
title('mesh'); pause;
% program 2
x=0:0.1:2*pi;
[x,y]=meshgrid(x);
z=sin(y).*cos(x);
surf(x,y,z);
xlabel('x-axis'),ylabel('y-axis'),zlabel('z-axis');
title('surf'); pause;
% program 3
x=0:0.1:2*pi;
[x,y]=meshgrid(x);
z=sin(y).*cos(x);
plot3(x,y,z);
xlabel('x-axis'),ylabel('y-axis'),zlabel('z-axis');
title('plot3-1');grid;
```

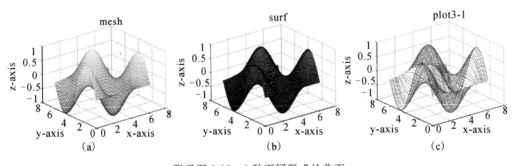

附录图 2.18　3 种不同形式的曲面

从附录图 2.18 中(见彩插)可以发现,网格图(mesh)中线条有颜色,线条间补面无颜色。曲面图(surf)的线条都是黑色的,线条间补面有颜色。进一步观察,曲面图补面颜色和网格图线条颜色都是沿 z 轴变化的。用 plot3 绘制的三维曲面实际上由三维曲线组合而成,可以分析 plot(x',y',z')所绘制的曲面的特征。

再举一例,绘制两个直径相等的圆管相交的图形,程序如下,程序执行结果见附录图 2.19 (见彩插)。

```
m=30;
z=1.2*(0:m)/m;
```

```
r=ones(size(z));
theta=(0:m)/m*2*pi;
x1=r'*cos(theta);y1=r'*sin(theta);
%生成第一个圆管的坐标矩阵
z1=z'*ones(1,m+1);
x=(-m:2:m)/m;
x2=x'*ones(1,m+1);y2=r'*cos(theta);
%生成第一个圆管的坐标矩阵
z2=r'*sin(theta);
surf(x1,y1,z1);    %绘制竖立的圆管
axis equal ,axis off
hold on
surf(x2,y2,z2);    %绘制平放的圆管
axis equal ,axis off
title('两个等直径圆管的交线');
hold off
```

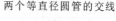

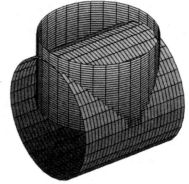

附录图 2.19　两个等直径圆管相交

此外,还有两个和 mesh 函数相似的函数,即带等高线的三维网格曲面函数 meshc 和带底座的三维网格曲面函数 meshz,其用法和 mesh 类似。不同的是,meshc 还在 xOy 平面上绘制曲面在 z 轴方向的等高线,meshz 还在 xOy 平面上绘制曲面的底座。surf 函数也有两个类似的函数,即具有等高线的曲面函数 surfc 和具有光照效果的曲面函数 surfl。

下面在 xOy 平面内选择区域 $[-8,8]\times[-8,8]$,画出函数 $z=\dfrac{\sin\sqrt{x^2+y^2}}{\sqrt{x^2+y^2}}$ 的 4 种不同形式的曲面。

```
[x,y]=meshgrid(-8:0.5:8);
z=sin(sqrt(x.^2+y.^2))./sqrt(x.^2+y.^2+eps);
subplot(2,2,1);
meshc(x,y,z);
title('meshc');
subplot(2,2,2);
meshz(x,y,z);
title('meshz');
subplot(2,2,3);
surfc(x,y,z);
title('surfc');
subplot(2,2,4);
surfl(x,y,z);
title('surfl');
```

程序执行结果如附录图 2.20 所示。

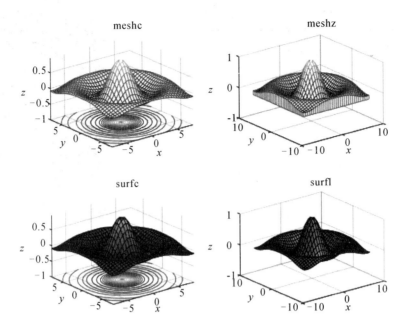

附录图 2.20　4 种不同形式的曲面

(3)标准三维曲面。

sphere 函数用于球体、邻域、半球、圈子、球环等曲面的绘制。sphere 函数的调用格式为

[x,y,z]=sphere(n)

其中,n 为组成圆周的点数。

cylinder 函数用于圆筒、圆柱体、柱面等的绘制,其调用格式为

[x,y,z]= cylinder(r,n)

其中,r 为圆周半径,n 为组成圆周的点数。

MATLAB 还有一个 peaks 函数,称为多峰函数,常用于三维曲面的演示。

程序如下:

```
t=0:pi/20:2*pi;
[x,y,z]= cylinder(2+sin(t),30);
subplot(2,2,1);
surf(x,y,z);
subplot(2,2,2);
[x,y,z]=sphere;
surf(x,y,z);
subplot(2,1,2);
[x,y,z]=peaks(30);
surf(x,y,z);
```

程序执行结果如附录图 2.21 所示。

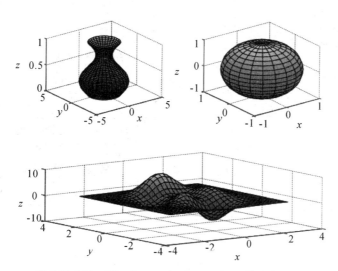

附录图 2.21 用 sphere、cylinder、peaks 函数绘制的曲面

下面举几个常见二次曲面绘制的例子。

(1)椭球面 $\dfrac{x^2}{a^2}+\dfrac{y^2}{b^2}+\dfrac{z^2}{c^2}=1$ $(a>0,b>0,c>0)$ 的绘制。程序如下：

```
clc,clear,close all
a=2; b=3; c=4;
t=0:0.1:pi;
r=0:0.1:2*pi;
[r,t]=meshgrid(r,t);
X=a*sin(t).*cos(r);
Y=b*sin(t).*sin(r);
Z=c*cos(t);
surf(X,Y,Z);
title('椭球面')
```

程序执行结果如附录图 2.22 所示。

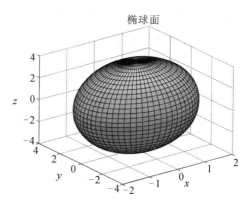

附录图 2.22 椭球面

(2)椭圆抛物面 $z=\dfrac{x^2}{2p}+\dfrac{y^2}{2q}$ 的绘制。程序如下：

```
% 椭圆抛物面
figure;
clear;
p=2;q=3;
x=linspace(-4,4,40);
y=x;
[x1,y1]=meshgrid(x,y);
z=(x1.^2)/(2*p)+(y1.^2)/(2*q);
surf(x1,y1,z);
title('椭圆抛物面')
```

```
view(130,20);
```
程序执行结果如附录图 2.23 所示。

(3) 双曲抛物面 $z = \dfrac{x^2}{p} - \dfrac{y^2}{q}$ 的绘制。

程序如下：
```
%双曲抛物面
figure;
clear;
p=4;q=8;
x=linspace(-4,4,40);
y=x;
[x1,y1]=meshgrid(x,y);
z=(x1.^2)/p-(y1.^2)/q;
surf(x1,y1,z);
title('双曲抛物面')
view(30,15);
```
程序执行结果如附录图 2.24 所示。

(4) 圆环面的绘制。程序如下：
```
%圆环面
figure;
clear;
a=3;b=5;
u=linspace(0,2*pi,40);
v=u;
[s1,s2]=meshgrid(u,v);
x=(b+sin(s1)).*cos(s2);
y=(b+sin(s1)).*sin(s2);
z=a*cos(s1);
surf(x,y,z);
title('圆环面');
view(60,120);
clear;
```
程序执行结果如附录图 2.25 所示。

(5) 作出球面 $x^2+y^2+z^2=4$ 和柱面 $(x-1)^2+y^2=1$ 相交的图形。程序如下：
```
u=0:0.1:pi;
v=0:0.1:2*pi;
[u,v]=meshgrid(u,v);
x1=2*sin(u).*cos(v);
```

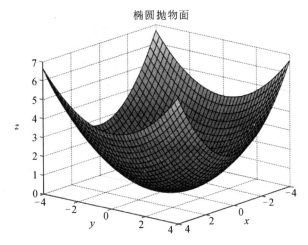

附录图 2.23　椭圆抛物面

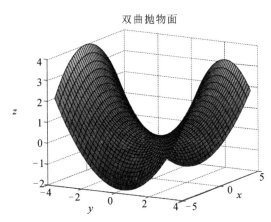

附录图 2.24　双曲抛物面

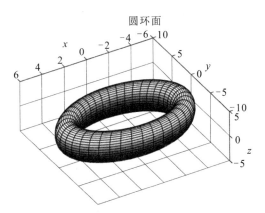

附录图 2.25　圆环面

```
y1=2*sin(u).*sin(v);
z1=2*cos(u);
surf(x1,y1,z1)
t=-pi/2:0.1:pi/2;
s=-3:0.1:3;
[t,s]=meshgrid(t,s);
x2=2*cos(t).^2;
y2=sin(2*t);
z2=s;
mesh(x1,y1,z1)
hold on
mesh(x2,y2,z2)
```

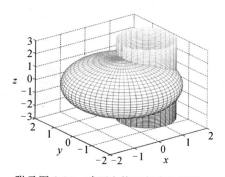

附录图 2.26　球面和柱面相交的图形

程序执行结果如附录图 2.26(见彩插)所示。

(4) 其他三维图形的绘制。

在介绍二维图形时,曾提到条形图、杆图、饼图和填充图等特殊图形,它们还可以以三维形式出现,使用的函数分别是 bar3、stem3、pie3 和 fill3。

bar3 函数绘制三维条形图,常用格式为

bar3(y)

bar3(x,y)

stem3 函数绘制离散序列数据的三维杆图,常用格式为

stem3(z)

stem3(x,y,z)

pie3 函数绘制三维饼图,常用格式为

pie3(x)

fill3 函数等效于三维函数 fill,可在三维空间内绘制出填充过的多边形,常用格式为

fill3(x,y,z,c)

例如绘制如下三维图形:

① 绘制魔方阵的三维条形图;

② 以三维杆图形式绘制曲线 $y=2\sin(x)$;

③ 已知 x=[2347,1827,2043,3025],绘制饼图;

④ 用随机的顶点坐标值画出五个黄色三角形。

程序如下:

```
subplot(2,2,1);
bar3(magic(4))
subplot(2,2,2);
y=2*sin(0:pi/10:2*pi);
stem3(y);
subplot(2,2,3);
pie3([2347,1827,2043,3025]);
subplot(2,2,4);
```

fill3(rand(3,5),rand(3,5),rand(3,5),'y')

程序执行结果如附录图 2.27(见彩插)所示。

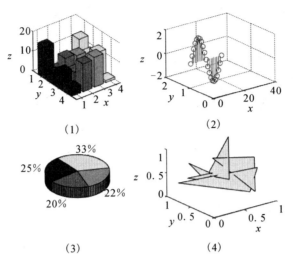

附录图 2.27 使用 bar3、stem3、pie3 和 fill3 函数绘制的三维图形

例如,绘制多峰函数的瀑布图和等高线图。程序如下:

subplot(1,2,1);
[X,Y,Z]=peaks(30);
waterfall(X,Y,Z)
xlabel('X - axis'),ylabel('Y - axis'),zlabel('Z - axis');
subplot(1,2,2);
contour3(X,Y,Z,12,'k');   % 其中 12 代表高度的等级数
xlabel('X - axis'),ylabel('Y - axis'),zlabel('Z - axis');

程序执行结果如附录图 2.28 所示。

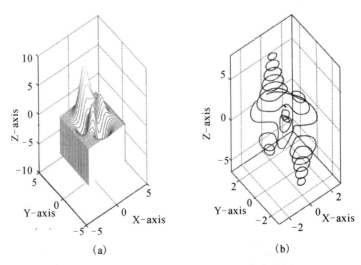

附录图 2.28 多峰函数的瀑布图和等高线图

3.图形修饰处理

(1)视点处理。

MATLAB提供了设置视点的函数view,其调用格式为

view(az,el)

其中,az为方位角,el为仰角,它们均以度为单位。系统缺省的视点定义为方位角-37.5°,仰角30°。

例如,从不同视点绘制多峰函数曲面。程序如下:

subplot(2,2,1);mesh(peaks);
view(-37.5,30);   % 指定子图(a)的视点
title('azimuth=-37.5,elevation=30')
subplot(2,2,2);mesh(peaks);
view(0,90);   % 指定子图(b)的视点
title('azimuth=0,elevation=90')
subplot(2,2,3);mesh(peaks);
view(90,0);   % 指定子图(c)的视点
title('azimuth=90,elevation=0')
subplot(2,2,4);mesh(peaks);
view(-7,-10);   % 指定子图(d)的视点
title('azimuth=-7,elevation=-10')

程序执行结果如附录图2.29(见彩插)所示。

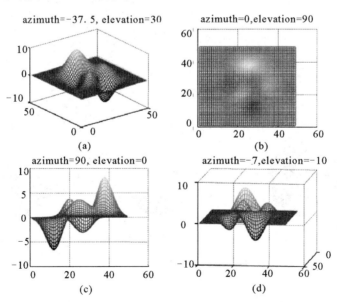

附录图2.29 从不同视点绘制的多峰函数曲面

(2)色彩处理。

①颜色的向量表示。MATLAB除用字符表示颜色外,还可以用含有3个元素的向量表示颜色。向量元素在[0,1]范围取值,3个元素分别表示红、绿、蓝3种颜色的相对亮度,称为RGB三元组。

②色图。色图(color map)是 MATLAB 系统引入的概念。在 MATLAB 中,每个图形窗口只能有一个色图。色图是 $m\times 3$ 的数值矩阵,它的每一行是 RGB 三元组。色图矩阵可以人为地生成,也可以调用 MATLAB 提供的函数来定义。

③三维表面图形的着色。三维表面图着色实际上就是在网格图的每一个网格片上涂上颜色。surf 函数用缺省的着色方式对网格片着色。除此之外,还可以用 shading 命令来改变着色方式。shading faceted 命令将每个网格片用其高度对应的颜色进行着色,但网格线仍保留着。shading flat 命令将每个网格片用同一个颜色进行着色,且网格线也用相应的颜色,从而使图形表面显得更加光滑。shading interp 命令在网格片内采用颜色插值处理,得出的表面图显得最光滑。颜色是黑色。这是系统的缺省着色方式。

例如,3 种图形着色方式的效果展示。程序如下:

```
[x,y,z]=sphere(20);
colormap(copper);
subplot(1,3,1);
surf(x,y,z);
axis equal
subplot(1,3,2);
surf(x,y,z);
shading flat;
axis equal
subplot(1,3,3);
surf(x,y,z);
shading interp;
axis equal
```

程序执行结果如附录图 2.30(见彩插)所示。

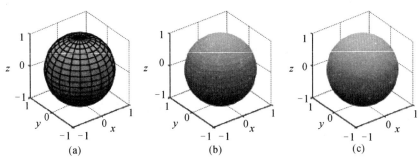

附录图 2.30　着色效果

(3)光照处理。

MATLAB 提供了灯光设置的函数,其调用格式为

light('Color',选项 1,'Style',选项 2,'Position',选项 3)

光照处理后的球面。程序如下:

```
[x,y,z]=sphere(20);
```

```
subplot(1,2,1);
surf(x,y,z);axis equal;
light('Posi',[0,1,1]);
shading interp;
hold on;
plot3(0,1,1,'p');text(0,1,1,' light');
subplot(1,2,2);
surf(x,y,z);axis equal;
light('Posi',[1,0,1]);
shading interp;
hold on;
plot3(1,0,1,'p');text(1,0,1,' light');
```

程序执行结果如附录图 2.31(见彩插)所示。

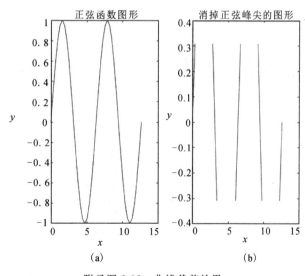

附录图 2.31 光照效果

(4)图形的裁剪处理。

MATLAB 定义的 NaN 常数可以用于表示那些不可使用的数据,利用这些特性,可以将图形中需要裁剪部分对应的函数值设置成 NaN,这样在绘制图形时,函数值为 NaN 的部分将不显示出来,从而达到对图形进行裁剪的目的。例如,要削掉正弦波顶部或底部大于 0.5 的部分,可使用下面的程序。

```
x=0:pi/10:4*pi;
y=sin(x);
subplot(1,2,1)
plot(x,y);
title('正弦函数图形');
i=find(abs(y)>0.5);
subplot(1,2,2);
x(i)=NaN;
plot(x,y);
title('消掉正弦峰尖的图形');
```

程序执行结果如附录图 2.32 所示。

例如,绘制两个球面,其中一个在另一个里面,将外面的球裁掉一部分,以便能看到里面的球。程序如下:

```
[x,y,z]=sphere(25);    %生成外面的大球
z1=z;
z1(:,1:4)=NaN;    %将大球裁去一部分
c1=ones(size(z1));
surf(3*x,3*y,3*z1,c1);  %生成里面的小球
```

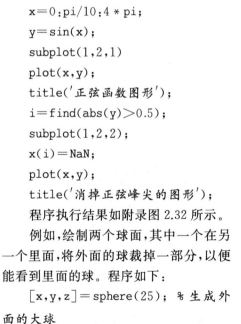

附录图 2.32 曲线裁剪效果

```
hold on
z2=z;
c2=2*ones(size(z2));
c2(:,1:4)=3*ones(size(c2(:,1:4)));
surf(1.5*x,1.5*y,1.5*z2,c2);
colormap([0 1 0;0.5 0 0;1 0 0]);
grid on
hold off
```

程序执行结果如附录图 2.33(见彩插)所示。

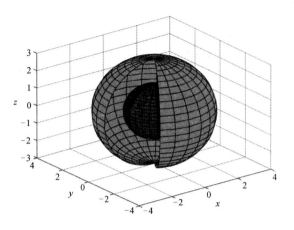

附录图 2.33　裁剪球面效果

彩色图中使用三种颜色,外面的球是绿色,里面的球采用深浅不同的两种红色。

例如,绘制三维曲面图,并进行插值着色处理,裁掉图中 x 和 y 都小于 0 的部分。

程序如下:

```
[x,y]=meshgrid(-5:0.1:5);
z=cos(x).*cos(y).*exp(-sqrt(x.^2+y.^2)/4);
surf(x,y,z);
shading interp;
pause                %程序暂停
i=find(x<=0&y<=0);
z1=z;z1(i)=NaN;
surf(x,y,z1);shading interp;
```

程序执行结果如附录图 2.34 所示(见彩插)。

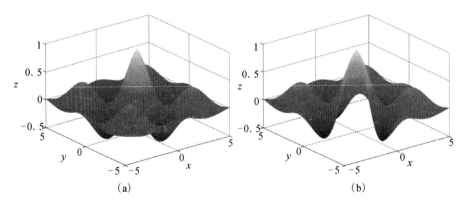

附录图 2.34　裁剪效果对比

为了展示裁剪效果,第一个曲面绘制完成后暂停,然后显示裁剪后的曲面。

(5)消隐处理。

用 mesh 或 surf 函数画图时,有的图形从某个角度看时会有重叠,此时可以启用隐线消除命令 hidden on,这样网格后面的线条会被网格前面的线条遮住。如果要保留,则用 hidden off。只输入 hidden,则表示在两种状态间切换。程序如下:

```
z=peaks(50);  %返回一个50×50矩阵
subplot(2,1,1);
mesh(z);
title('消隐前的图')
hidden off  %保留网格图中的隐线
subplot(2,1,2);
mesh(z);
title('消隐后的图')
hidden on  %消除网格图中的隐线
colormap([0 0 1])
```

程序执行结果如附录图 2.35(见彩插)所示。

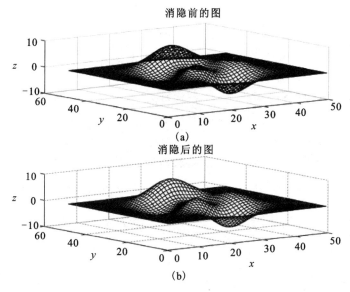

附录图 2.35　消隐前后对比

4.图像处理与动画制作

(1)图像处理。

①imread 和 imwrite 函数。imread 和 imwrite 函数分别用于将图像文件读入 MATLAB 工作空间,以及将图像数据和色图数据一起写入一定格式的图像文件。MATLAB 支持多种图像文件格式,如.bmp、.jpg、.jpeg、.tif 等。

②image 和 imagesc 函数。这两个函数用于图像显示。为了保证图像的显示效果,一般还应使用 colormap 函数设置图像色图。例如有一图像文件 flower.jpg,在图形窗口显示该图像,程序如下:

```
[x,cmap]=imread('flower.jpg');     %读取图像的数据阵和色图阵
image(x);colormap(cmap);
axis image off                     %保持宽高比并取消坐标轴
```

(2)动画制作。

MATLAB 提供 getframe、moviein 和 movie 函数进行动画制作。

①getframe 函数。getframe 函数可截取一幅画面信息(称为动画中的一帧),一幅画面信息形成一个很大的列向量。显然,保存 n 幅画面就需一个大矩阵。

②moviein 函数。moviein(n)函数用来建立一个足够大的 n 列矩阵。该矩阵用来保存 n 幅画面的数据,以备播放。之所以要事先建立一个大矩阵,是为了提高程序运行速度。

③movie 函数。movie(m,n)函数播放由矩阵 m 所定义的画面 n 次,缺省时播放一次。

例如,绘制 peaks 函数曲面并且将其绕 z 轴旋转。程序如下:

```
[X,Y,Z]=peaks(30);
surf(X,Y,Z)
axis([-3,3,-3,3,-10,10])
axis off;
shading interp;
colormap(hot);
m=moviein(20);            %建立一个20列大矩阵
for i=1:20
    view(-37.5+24*(i-1),30)    %改变视点
    m(:,i)=getframe;       %将图形保存到m矩阵
end
movie(m,2);               %播放画面2次
```

参 考 文 献

[1] 同济大学数学系.高等数学[M].7版.北京:高等教育出版社,2016.
[2] 李应岐,方晓峰,王静,等.高等数学疑难问题解析[M].北京:国防工业出版社,2014.
[3] STEWART J.CALCULUS[M]. 7th ed. Pacific Grove:BROOKS/COLE,2012.
[4] 沃伯格,柏塞尔,里格登.微积分:原书第9版[M].刘深泉,张万芹,张国斌,等译.北京:机械工业出版社,2016.
[5] 邱森.微积分探究性课题精编[M].武汉:武汉大学出版社,2016.
[6] 西蒙斯.微积分与解析几何:原书第2版[M].影印版.北京:机械工业出版社,2018.
[7] 徐潇,李远.MATLAB面向对象编程:从入门到设计模式[M].北京:北京航空航天大学出版社,2015.
[8] 黄亚群.基于MATLAB的高等数学实验[M].北京:电子工业出版社,2014.
[9] 马锐,罗兆富.数学文化于数学欣赏[M].北京:科学出版社,2018.
[10] 远山启.数学与生活[M].吕砚山,李诵雪,马杰,等译.北京:人民邮电出版社,2019.
[11] 罗华飞.MATLAB GUI 设计学习手记[M].3版.北京:北京航空航天大学出版社,2015.

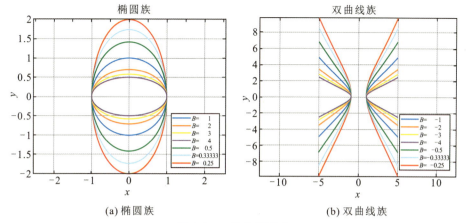

(a) 椭圆族　　　　　　　　　(b) 双曲线族

图 1.4　二次曲线图形

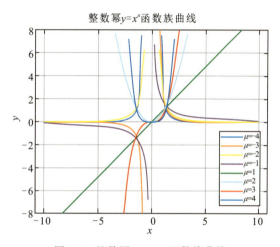

图 1.5　整数幂 $y=x^\mu$ 函数族曲线

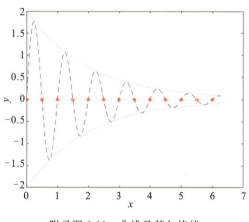

附录图 2.11　曲线及其包络线

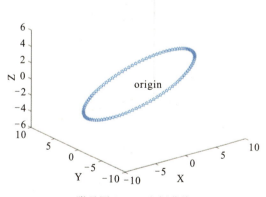

附录图 2.17　空间曲线

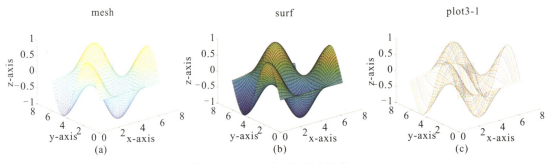

附录图 2.18 3 种不同形式的曲面

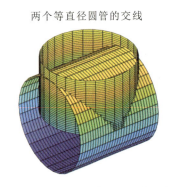

附录图 2.19 两个等直径圆管相交

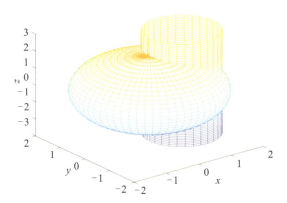

附录图 2.26 球面和柱面相交的图形

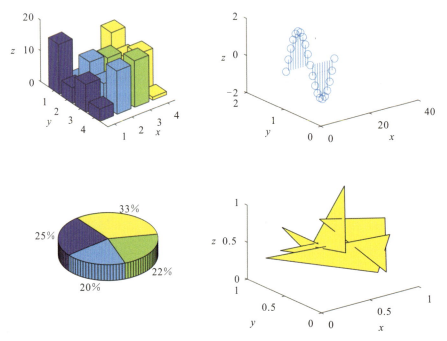

附录图 2.27 使用 bar3、stem3、pie3 和 fill3 函数绘制的三维图形

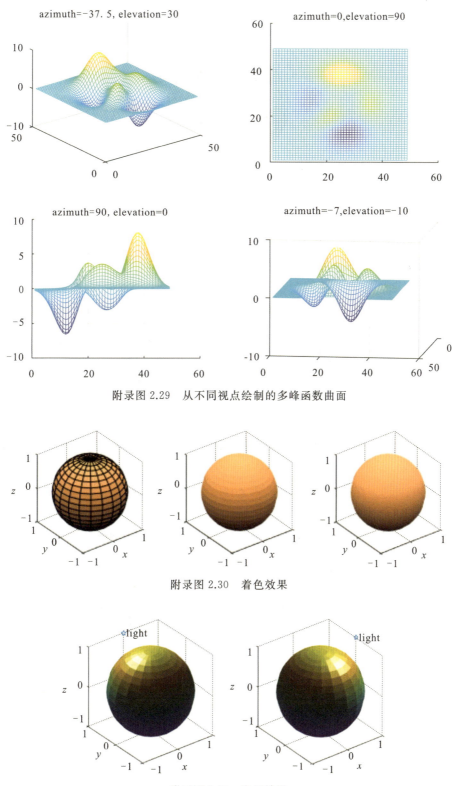

附录图 2.29 从不同视点绘制的多峰函数曲面

附录图 2.30 着色效果

附录图 2.31 光照效果

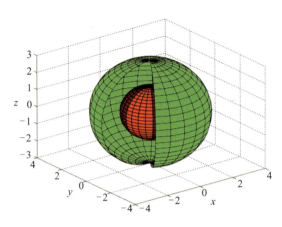

附录图 2.33　裁剪球面效果

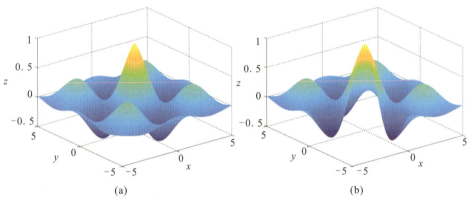

附录图 2.34　裁剪效果对比

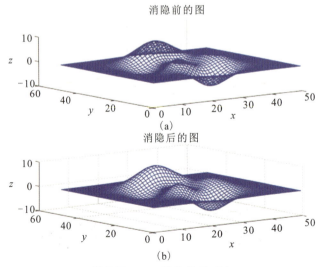

附录图 2.35　消隐前后对比